手绘新编自然灾害防范百科
ShouHuiXinBianZiRanZaiHaiFangFanBaiKe

风暴防范百科

谢 宇 主编

西安电子科技大学出版社

内 容 简 介

　　本书是国内迄今为止较为全面的介绍风暴识别防范与自救互救的普及性图文书，主要内容包含认识风暴、风暴的预防、风暴发生时的防范和救助技巧等。本书内容翔实，全面系统，观点新颖，趣味性、可操作性强，既适合广大青少年课外阅读，也可作为教师的参考资料，相信通过本书的阅读，读者朋友可以更加深入地了解和更加轻松地掌握风暴的防范与自救知识。

图书在版编目（CIP）数据

风暴防范百科 / 谢宇主编. -- 西安 ： 西安电子科

技大学出版社，2013.8

ISBN 978-7-5606-3194-3

Ⅰ．①风… Ⅱ．①谢… Ⅲ．①风暴潮－灾害防治－青

年读物②风暴潮－灾害防治－少年读物③风暴潮－自救互

救－青年读物④风暴潮－自救互救－少年读物 Ⅳ.

① P731.23-49

中国版本图书馆CIP数据核字（2013）第204543号

策　　划	罗建锋	
责任编辑	马武装	
出版发行	西安电子科技大学出版社(西安市太白南路2号)	
电　　话	(029)88242885　88201467	邮　　编　710071
网　　址	www.xduph.com	电子邮箱　xdupfxb001@163.com
经　　销	新华书店	
印刷单位	北京阳光彩色印刷有限公司	
版　　次	2013年10月第1版　　2013年10月第1次印刷	
开　　本	230毫米×160毫米　1/16　印 张 12	
字　　数	220千字	
印　　数	1～5000册	
定　　价	29.80元	

ISBN 978-7-5606-3194-3

如有印装问题可调换

前言 preface

　　自然灾害是人类与自然界长期共存的一种表现形式，它不以人的意志为转移、无时不在、无处不在，迄今为止，人类还没有能力去改变和阻止它的发生。短短五年时间，四川先后经历了"汶川""雅安"两次地震。自然灾害给人们留下了不可磨灭的创伤，让人们承受了失去亲人和失去家园的双重打击，也对人的心理造成不可估量的伤害。

　　灾难是无情的，但面对无情的灾难，我们并不是束手无策，在自然灾难多发区，向国民普及防灾减灾教育，预先建立紧急灾难求助与救援沟通程序系统，是减小自然灾难伤亡和损失的最佳方法。

　　为了向大家普及有关地震、海啸、洪水、风灾、火灾、雪暴、滑坡和崩塌，以及泥石流等自然灾害的科学知识以及预防与自救方法，编者特在原《自然灾害自救科普馆》系列丛书（西安地图出版社，2009年10月版）的基础上重新进行了编写，将原书中专业性、理论性较强的内容进行了删减，增加了大量实用性强、趣味性高、可操作性强的内容，并且给整套丛书配上了与书稿内容密切相关的大量彩色插图，还新增了近年发生的灾害实例与最新的预防与自救方法，以帮助大家在面对灾害时，能够从容自救与互救。

　　本丛书以介绍自然灾害的基本常识及预防与自救方法为主要线索，意在通过简单通俗的语言向大家介绍多种常见的自然灾害，告诉人们自然灾害虽然来势凶猛、可怕，但是只要充分认识自然界，认识各种自然灾害，了解它们的特点、成因及主要危害，学习一些灾害应急预防措施与自救常识，我们就可以从容面对灾害，并在灾害来临时成功逃生和避难。

每本书分认识自然灾害，自然灾害的预防，自然灾害的自救和互救等部分。通过多个灾害实例，叙述了每种自然灾害，如地震、海啸、洪涝、泥石流、滑坡、火灾、风灾、雪灾等的特点、成因和对人类及社会的危害；然后通过描述各灾害发生的前兆，介绍了这些自然灾害的预防措施，并针对各种灾害介绍了简单实用的自救及互救方法，最后对人们灾害创伤后的心理应激反应做了一定的分析，介绍了有关心理干预的常识。

希望本书能让更多的人了解生活中的自然灾害，并具有一定的灾害预判力和面对灾害时的应对能力，成功自救和互救。另外希望能够引起更多的人来关心和关注我国防灾减灾及灾害应急救助工作，促进我国防灾事业的建设和发展。

《手绘新编自然灾害防范百科》系列丛书可供社会各界人士阅读，并给予大家一些防灾减灾知识方面的参考。编者真心希望有更多的读者朋友能够利用闲暇时间多读一读关于自然灾害发生的危急时刻如何避险与自救的图书，或许有一天它将帮助您及时发现险情，找到逃生之路。我们无法改变和拯救世界，至少要学会保护和拯救自己！

编者

2013年6月于北京

目录 Contents

一、认识风灾

（一）风灾概述

风灾是世界上最严重的自然灾害之一，包括台风、龙卷风和沙尘暴等。风灾会给人们的生命财产带来巨大的威胁和损失。例如，2008年5月2日，缅甸仰光遭受了百年不遇的强台风袭击，后果极其严重，粗壮的大树一半以上被连根拔起或者折断，房屋和公路被树木压垮、堵塞，水电、通信全无，从城镇到乡村一片狼藉。据缅甸国家电视台和广播电台公布的官方报道，整个受灾地区有5000余平方千米遭受了洪水的侵袭，在这次台风灾难中丧生

龙卷风

沙尘暴

的人数有8万多人，大多数遇难者是被伴随台风而来的洪水席卷而去的，还有数百万人无家可归。2009年台风"莫拉克"导致我国台湾和大陆共500多人死亡，近200人失踪，46人受伤。台湾南部雨量超2000毫米，造成数百亿台币损失，大陆损失近百亿人民币。2011年8月27日，飓风"艾琳"在美国北卡罗来纳州登陆，美国东海岸的10个州进入紧急状态，约230万居民被下令疏散，飓风"艾琳"最终导致至少40人死亡。2012年8月29日，飓风"艾萨克"在美国路易斯安那州东南沿岸登陆，狂风夹杂着暴雨袭击了该州最大城市新奥尔良等地，造成近10万户家庭与商业单位断电。为应对本次飓风，美国墨西哥湾沿海地区的各级政府严阵以待，并对沿海或低洼地带数以千计的居民下达了紧急疏散令。2012年10月24日、25日、26日，飓风"桑迪"袭击了古巴、多米尼加、牙买加、巴哈马、海地等地，掀起巨大海浪，洪水泛滥，成千上万居民被迫撤离家园，很多村庄和房屋被洪水淹没，造成大量财产损失和人员伤亡。造成海地44人死亡、19人失踪和12人受伤；除造成11名古巴人丧生外，还给当地造成了21.21亿美元的经济损失；造成美国800万多用户停电，造成美国境内至少109人死亡。2013年6月27日～7月3日，强热带风暴"温比亚"袭击菲律宾、越南、中国大陆等地，造成55人死亡，经济损失达125万美元。

各种各样的风灾带来的不仅仅是洪水，还会带来植物病虫害的传播，破坏农作物，毁坏果树，制造沙尘、海啸等灾难。

龙卷风虽然不及台风涉及的范围广阔，但是它的破坏力较之台风有过之而无不及。龙卷风是在极不稳定的天气下，由空气强烈对流运动而产生的小范围空气涡旋，并由雷暴云底伸展至地面，形成漏斗状云（龙卷）产生的强烈旋风。来临时常伴有雷雨，有时还会伴有冰雹。龙卷风的水平范围很小，直径从几米到几百米不等，平均直径为250米左右，最大至1000米左右。风力可达12级以上，最大风速可超过100米/秒，极大风速每小时可达150～450千米。虽然龙卷风持续的时

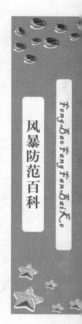

间不长，一般仅几分钟，长的时候为几十分钟，但造成的灾害极其严重，所到之处，大片庄稼、树木瞬间被毁，房屋倒塌，交通中断，人畜生命遭到威胁。

风灾给人类造成巨大的经济损失和人员伤亡，因此我们要掌握风灾的基本知识，运用这些知识来预防和避免风灾造成的伤害。

气象学上将大气中的涡旋称为气旋。台风就是大气中的一种涡旋（气旋），它一面强烈地旋转，一面在海上向前移动或登上陆地，引起狂风、暴雨、巨浪及风暴潮等灾害性天气。因为这种气旋产生在热带洋面，所以被称作热带气旋。热带气旋，包括热带低压、热带风暴、强热带风暴以及飓风或台风。因此，要想了解风灾，就要先知道气旋是怎么一回事。

1. 气旋与反气旋

众所周知，我们的地球表面覆盖着一层厚厚的空气，我们称之为大气层。大气层并不是静止不变的，它的运动没有停歇过一刻，而且运动范围大小不一，形式也是多种多样的。其中有一种运动形式表现的如同江河里的涡旋，随着主流旋转着前进。在地球的南半球，这种大型空气涡旋在空气环绕中心作顺时针方向旋转，被称为气旋，若作逆时针旋转则被称为反气旋。而北半球正好与南半球相反，北半球作逆时针方向旋转的大型空气涡旋，被称为气旋；作顺时针旋转的被称为反气旋。

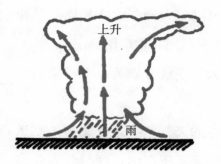
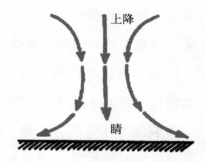

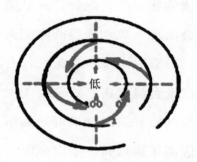
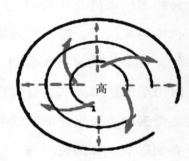

气旋与反气旋

气旋又被称为低压，因为其中心气压最低。另外，由于中心气压低，而吸引周围气流向内汇集，在高空遇冷凝结，成云成雨；再者，因地球自转，致使来自四面八方的气流旋转起来，形成旋转风。

反气旋则因中心气压最高而又被称为高压，下沉气流向外扩散，故而可使得天气晴朗。

综上所述，气旋对应着阴雨绵绵的天气，而反气旋则对应着晴朗明媚的天气。

气旋的平均直径为1000千米左右，其中，小的气旋直径为200～300千米，大的有2000～3000千米。而反气旋的直径要比气旋的直径更大，最大的可以与大洲、大洋相比。气旋和反气旋作为大型天气系统，影响范围非常广泛。

主宰我国冬夏两季的主要天气系统分别为：冬季蒙古冷高压和夏季太平洋暖高压脊。

我国冬季晴朗、干燥、寒冷的天气主要是受蒙古冷高压（反气旋）的影响，因为我国位于高压东南，顺时针方向旋转的高压风就会在我国境内显现成偏北风向。此外，一旦蒙古冷高压南下，我国广大地区就会出现大风和降温的寒潮天气。夏季，我国天气晴朗、酷热，但有时出现干旱天气，有时出现连阴雨天气，有时则连续遭受台风袭击，这是因为主要受到位于太平洋的暖性高压（反气旋）向西伸展部分高压脊的影响。我国位于高压西部，因高压风顺转，所以风向为东南，又因高压脊西伸东缩，北抬南压，以其为南北界，北侧多连阴雨天气，南侧多台风活动。

2. 热带气旋的移速规律

热带气旋移动的快慢和移动路径有一定的关系。平均移速为20～30千米／小时。转向的热带气旋，通常转向前慢，转向后快，转向时最慢。热带气旋转向前移动慢是因为信风的东风带的风力不大，同时热带气旋这时还处在发生期，范围较小，内力作用也小。转向后，进入了盛行西风带，高空西风带引导气流的速度比东风带大得多，所以，热带气旋转向后的移速明显加快。热带气旋转向时，因地面偏东风逐渐

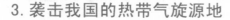
热带气旋

减弱，而高空已是西风，所以它的移速逐渐减慢，动向也不稳定。需要注意的是，热带气旋旋转的行进路径常表现为明显的蛇行，每一次摆动，都可能会引起预报结论的混乱。而且，当热带气旋出现异常路径时，往往移速减慢，甚至停滞。

3. 袭击我国的热带气旋源地

（1）热带气旋源地在八大洋区。

飓风与台风都是风力达到12级时的热带气旋，热带气旋就是发生在热带海洋上的大气涡旋，它的热力结构不同于温带气旋。温带气旋也叫锋面气旋，顾名思义，气旋里有锋面，锋面就是冷暖空气的交界面。也就是说，温带气旋里既有冷空气也有暖空气，两种空气同时围绕中心旋转，在南半球沿顺时针方向旋转，在北半球沿逆时针方向旋转。热带气旋就是一团湿热空气，在围绕中心旋转的同时，也随着主导气流移动。所以，热带气旋的源地，是在热带海洋上。

全球热带气旋主要源地分布在南、北半球5个纬度带至20个纬度带内的东北太平洋、西北太平洋、西南太平洋、西北大西洋、阿拉伯海、孟加拉湾、澳大利亚西北部和南印度洋西部等八个大洋区。而东南太平洋和南大西洋至今尚未发生过热带气旋，赤道两侧的5个纬度范围内也几乎没有热带气旋发生。全球平均每年约有80个热带气旋产生，其中有1/2～2/3达到台风或飓风等级。发生次数最多的是北太平洋西部的洋面，平均每年出现29个左右，其次是东北太平洋约14个，西北大西洋约9个，阿拉伯海最少——只有1个。

冷气团   冷气团

冷锋天气   暖锋天气

锋面气旋

（2）袭击我国的热带气旋来自西北太平洋和南海。

影响我国的热带气旋主要来自位于我国东南方的菲律宾群岛以东到琉球群岛附近的洋面和南海中北部海域。据资料统计，每年平均有20个热带气旋进入我国海岸线300千米的

手绘新编自然灾害防范百科

沿海海域，其中南海最多，平均有12个。在我国登陆的风力不小于8级的热带气旋每年平均有8个，主要集中在广东和南海，其次是福建、浙江和台湾，上海和长江以北沿海省份极少。热带气旋在我国的登陆时间主要集中在5～12月份，7～9月份最多，1～4月份则几乎没有。历史上我国年登陆最多的热带气旋是12个（1971年），最少是3个（分别出现在1950年、1951年和1998年）。

西北太平洋的热带气旋源地主要集中在菲律宾群岛以东到琉球群岛的附近洋面。每年7～10月份的夏秋季节为西北太平洋上的热带气旋多发季，其中最多是在8～9月份，最少是在1～3月份。发源地范围南起北纬3度，北到北纬37度，南北宽34个纬距（一个纬距约110千米）；西起东经105度，东至东经180度，东西宽75个经距，在此广阔的范围内的洋面上都有热带气旋发生。

西北太平洋热带气旋主要有三条活动路径：西移路径、西北路径和转向路径。可能性最大的是西移路径登陆。热带气旋的纬度一般不会超过北纬22.5度，超过的话则会转弯。不超过22.5度的热带气旋将经过巴士海峡或菲律宾、巴林塘海峡进入我国南海，西行到海南岛的东南部或越南登陆；有时，在我国南海西行一段时间后，会突然向北移动进入华南沿海或者登陆。西行路径的热带气旋对我国华南沿海地区的影响较大，登陆的可能性最大，危害也大。西北路径也叫做登陆型路径。此路径的热带气旋是从菲律宾以东向西北方向移动。在台湾登陆后，穿过台湾海峡在福建再次登陆，或者在上海、浙江和江苏沿海地区一带登陆，登陆后在陆地上会逐渐减弱直至消失。沿此路径的热带气旋对我国华东沿海地区的影响最大，狂风、暴雨、风潮和巨浪等会对沿海地区的工农业、渔业造成直接经济损失，但对内陆地区的干旱却有一定的缓解作用。

转向路径也叫做抛物线型路径。它的热带气旋从菲律宾以东出发，向西北方向移动，在北纬25度附近，转向东北方，向日本方向移动，路径呈右抛物线状。这条路径的热带气旋对我国影响不大，但当转向点靠近我国东海和黄海南部时，则对我国东部沿海地区影响较大。

除了这三条主要的路径之外，还有一条特殊的路径。例如，2005年第5号台风"海棠"的路径，就像一条蛇在蜿蜒爬行，缓慢地在我国台湾的东部海面上原地转了一圈后，穿过台湾岛进入台湾海峡，最后在我国福建再次登陆，给当地

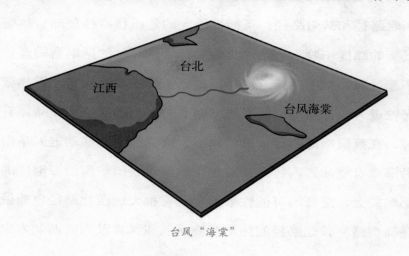

台风"海棠"

造成了极为严重的危害。其怪异的路径，让人防不胜防。南海海域的热带气旋源地主要在南海中北部偏东的海面。南海是我国与欧洲、非洲和南亚等地区之间的重要海上通道，也是热带气旋频繁发生和活动的海域。南海热带气旋：一半是从南海海域生成的热带气旋，一半是从菲律宾以东洋面上西移进入南海的热带气旋。南海范围内每年约有9个热带气旋达到热带风暴强度，约占西北太平洋总数的1/3，相当于北大西洋全年的总数。其中，南海海域生成和发展的有4个，其余的则是从菲律宾以东洋面上西移进入南海的。南海热带气旋在8～9月份最多，1～2月份最少。但是全年各月都有可能发生。大多数南海热带气旋比西北太平洋上的热带气旋要高出5个纬度，发生在北纬10度以北，主要出现在南海中北部偏东的海面。南海的热带风暴登陆的时间大多集中在7～9月份，约有一半在华南沿海一带登陆。

较大强度的南海热带气旋数量少于西北太平洋热带气旋，仅占南海热带气旋总数的1/3左右。主要是因为，其水平范围小，垂直伸展的高度较低，强度较弱。因此，南海热带气旋的活动路径受到周围天气系统的影响较大。

南海热带气旋的常规路径大致有正抛物线（右转抛物线）型路径、倒抛物线（左转抛物线）型路径和西移型路径三条。除这三条主要路径外，也有异常路径，较多的是发生在7～9月份的双热带气旋现象，即当南海热带气旋生成的同时，在南海东部或西北太平洋也有热带气旋出现。南海中

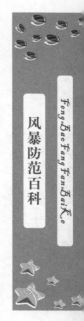

风暴防范百科
FengBaoFangFanBaiKe

的双热带气旋路径复杂多变。由于气旋性流场（北半球气旋是逆时针旋转）的作用，两个热带气旋将绕它们中心连线的"质量中心点"相互逆时针旋转，并且越来越靠近，于是将出现停滞、摆动或打转等复杂路径。

突然折向也是南海热带气旋的一种异常路径。突然折向是指北上的热带气旋突然转向西方行进。如果是在盛夏季节，则西折的原因主要是受大陆上和海上的副热带高压的影响，如果是在入秋以后特别是9月下旬到11月的西折，则与冷空气的活动有关。

4. 风力等级的演变

平时常见的天气预报中，我们都会听到这样的描述：风向北转南，风力2到4级。这里的"级"表示的是风速大小，也就是风的行进速度快慢。相邻两地间的气压差愈大，空气流动越快，风速越大，风的力量自然也就大，我们通常都是以风力来表示风的大小。风速的单位用米/秒或千米/小时来表示，而发布天气预报时，采用的都是风力等级。关于风力等级的划分，古今中外也不同。

世界气象组织规定的风力等级

风级	名　称	风速（米/秒）	风速（千米/小时）
0	无风Calm	0～0.2	小于1
1	软风Light air	0.3～1.5	1～5

风级	名　称	风速（米/秒）	风速（千米/小时）
2	轻风Light breeze	1.6～3.3	6～11
3	微风Gentle breeze	3.4～5.4	12～19
4	和风Moderate breeze	5.5～7.9	20～28
5	清风Fresh breeze	8.0～10.7	29～38
6	强风Strong breeze	10.8～13.8	39～49
7	疾风Near gale	13.9～17.1	50～61
8	烈风Strong gale	17.2～20.7	62～74
9	烈风Strong gale	20.8～24.4	75～88
10	狂风Storm	24.5～28.4	89～102
11	暴风Violent storm	28.5～32.6	103～117
12	飓风Hurricane	32.7～36.9	118～133

风暴防范百科
FengBaoFangFanBaiKe

（1）公元7世纪唐朝的10级风力等级。

公元7世纪，也就是1000多年以前，唐朝初期还没有发明测定风速的精确仪器，当时人们根据风对物体作用产生的现象，计算风的移动速度并定出风力等级。李淳风的《现象玩占》里就有这样的记载："动叶十里，鸣条百里，摇枝二百里，落叶三百里，折小枝四百里，折大枝五百里，走石千里，拔大根三千里。"这就是根据风对树产生的影响

《现象玩占》

来估计风的速度，"动叶十里"是说树叶微微颤动的时候，风的速度就是日行十里；"鸣条"就是树叶沙沙作响，这时的风速是日行百里。另外，还有根据树的状态定出来的一些风级，如《乙巳占》中所说，"一级动叶，二级鸣条，三级摇枝，四级坠叶，五级折小枝，六级折大枝，七级折木、飞沙石，八级拔大树及根"。这八级风，再加上"无风""和风"（风来时清凉，温和，尘埃不起，叫和风）两个级，可合为10级。这可以算得上是世界上最早出现的风力等级了。

（2）公元17世纪英国蒲福的13级风力等级。

公元17世纪，也就是200多年前，仍然没有任何测量风力大小的仪器，也没有统一规定，各国都按自己的方法来表示。当时英国一位海军军官，名叫蒲福（1774～1857），在1806年时，为了测算风对一艘名为"男人战士"号战船在全速航行时的影响，仔细观察了陆地和海洋上各种物体在大小不同的风里的情况，把风划成了13个等级，被称为蒲福风级表。

蒲福风级表

风力等级	名　称	千米／小时	描述性说明
0	无风	0～2	平稳轻松地航行
1	一级风	2～6	微波
2	二级风	7～11	小浪，开始扬帆
3	微风	12～18	浪花明显，帆已扬起
4	和风	19～30	叠浪，岸上树枝被吹弯

风力等级	名　称	千米／小时	描述性说明
5	清劲风	31～39	浪花飞溅
6	强风	40～50	中浪，舱面打伞困难
7	强风	51～62	大浪，前行困难
8	强风	63～75	没有帮助站立困难
9	烈风	76～88	左右摇摆
10	暴风	89～100	风急浪高
11	飓风	101～117	海面白茫茫，暴风恶浪
12	龙卷风	118以上	飓风或台风

（3）20世纪40年代的18级风力等级。

20世纪40年代以前，多采用的是一种风压板机械式的测风仪器，但是只能测到12级，当风压板角度超过90度时，就测不出来了。从40年代起，开始采用风杯电传式的测风仪器，测量范围有了大大突破，能测到17级，即0～17级，共18个等级。

但是18级的风力等级标准并未普遍采用。因为除了沿海地区会受到台风或飓风侵袭外，其他绝大部分地区罕见12级以上的大风；而且，更新仪器设备及其普及还需要有一定的经济实力。

测风仪器

风暴防范百科

FengBaoFangFanBaiKe

18级风力等级表

等级	距地10米高处的风速（米/秒）	海面浪高一般高度	海面浪高最大高度	陆面地面物征象
0	0.0～0.2	——	——	静，烟直上
1	0.3～1.5	0.1	0.1	烟能表示风向，但风向标不能转动
2	1.6～3.3	0.2	0.3	人面感觉有风，树叶微动，风向标能转动
3	3.4～5.4	0.6	1.0	树叶及树枝摇动不息，连旗展开
4	5.5～7.9	1.0	1.5	能吹起地面灰尘和纸张，树的小枝摇动
5	8.0～10.7	2.0	2.5	有叶的小树摇摆，内陆的水面有小波
6	10.8～13.8	3.0	4.0	大树枝摇动，电线呼呼有声，举伞困难
7	13.9～17.1	4.0	5.5	全树摇动，大树枝弯下来，迎风步行感到费劲
8	17.2～2.07	5.5	7.5	可以折毁小树枝，人迎风前行感觉阻力很大
9	20.8～24.4	7.0	10.0	烟囱及屋顶受到损坏，小屋易遭到破坏
10	24.5～28.4	9.0	12.5	陆上少见，见时可把树木刮倒，建筑物损坏较重
11	28.5～32.6	11.5	16.0	陆上少见，见时必有重大毁损
12	32.7～36.9	14.0		陆上很少见，其摧毁力较大
13	37.0～41.4			
14	41.5～46.1			
15	46.2～50.9			
16	51.0～56.0			
17	56.1～61.2			

从表中可以很清楚地发现，风力13级以上的地面物象没有内容，其原因在于18级风力等级表是在1946年制定的，当

时的科技水平及观测资料有限，肯定无法填补此空缺，只好留白。虽然没有明确的13级以上的物象描述，但是我们可以依据之前的风力物象描述进行对比推测，12级，已是"陆上很少见，其摧毁力较大"，那13级以上其破坏力只能有过之而无不及。有兴趣的话，可以参照后面美国5级飓风的等级表和文字叙述作对比想象。用1米／秒等于3.6千米／小时换算，1级飓风相当13级风力，2级飓风相当14级风力，4级飓风相当17级风力。随着我国经济实力和科学技术的发展，目测的测风仪器已经被淘汰，取而代之的是自动测风仪，特别是中尺度自动站的建立，使我国气象观测水平更有了一个较高的发展。2004年1月1日，我国开始引入使用"18级风力等级表"。相信在不远的将来，一定可以依据现代科技的发展填补此项空白！

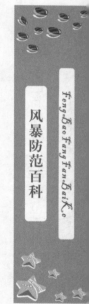

（4）20世纪70年代的萨菲尔—辛普森5级飓风等级。

随着现代科技的不断发展，更先进的测风仪器已经取代了风杯电传式的测风仪器，测量范围也进一步扩大。如测量范围已经达到0～90米／秒的风车型风向风速仪。12级风速是32.7～36.9米／秒（118～133千米／小时），17级风速为56.1～61.2米／秒（202～220千米／小时）。但也有些风速剧烈的风，其风速又远远超过了17级，如龙卷风的风速为100～200米／秒（360～720千米／小时），不过这种破坏性极大的灾害性天气，范围小，也不常见。而超过17级的台风或飓风却是司空见惯的。2005年的飓风"丽塔""威尔玛"和

先进的测风仪器

"卡特里娜"的风速都超过了280千米／小时，已经远远超过了17级。为了更客观地掌握飓风的破坏程度，有必要对飓风再进行分级。于是，在1971年，工程师萨菲尔和辛普森博士（当时的国际飓风研究中心主任）提出了一个飓风破坏潜力标准（5级飓风等级表）。

萨菲尔—辛普森飓风的破坏潜力标准包括风速、飓风中心气压估算和可能的风暴潮高度。这里还用到了一个气象上用的气压单位——百帕，1百帕=100帕，其中，帕是压强的单位。在标准状况下，1000百帕等于760毫米汞柱高，就是一个标准大气压。表中数值都在1000百帕以下，中心气压数值越低，则飓风等级越高，风速越大，引起的风暴潮越高，破坏力也就越大。

破坏力极大的飓风

萨菲尔—辛普森飓风破坏潜力标准（5级飓风等级表）

等　级	中心气压（百帕）	风速（千米／小时）	风暴潮高度（米）
1	>980	119～153	<1.8
2	965～979	154～177	1.8～2.5
3	945～964	178～209	2.6～3.7
4	920～944	210～249	3.8～5.5
5	<920	>249	>5.5

　　标准的每一级飓风破坏潜力都代表着一定量的破坏力。下面介绍各级破坏力的具体情况：

　　1级：对树木和移动房屋会造成损害；也可能吹坏装订不牢的标示牌；出现飓风时伴随的降水会淹没地势较低的公路；码头也会遭到轻微破坏；尚未进港的小船会被刮离锚地。

2级：树木可能被刮倒；门、窗和屋顶可能被破坏，但不会威胁到建筑主体；能大面积地吹坏装订不牢的标示牌；飓风登陆前2～4小时，不断上涨的水位将淹没沿岸道路和内陆地势较低的岔路；码头会被淹没并遭到一定程度地破坏；避风港内小船会被刮离锚地；沿海和附近地势较低的居民应该撤离。

1级飓风：吹坏装订不牢的标识牌　　　　2级飓风：树木可能被刮倒

3级：较粗的树木可能会被折断；门、窗、屋顶、移动板房和小型建筑物会被破坏；沿岸洪水泛滥，巨浪和漂浮物也会对大型建筑造成毁坏；飓风登陆前3～5小时，上涨的河水已能淹没内陆岔道路口；海拔1.5米以下的低洼地带及沿海地势较低的居民应该撤离。

4级：树木和各种标示牌都会被吹倒；房屋会严重受损，移动板房和小型建筑物的屋顶会彻底被吹翻；海拔5米以下的内陆区域被淹；海滩受损严重，巨浪和漂浮物将会对沿海建筑的底座造成重创；飓风登陆前3～5小时内陆岔道会被切断；距海岸线500米内的所有居民及3000米范围内地势较低的单层建筑物内的居民应该全部撤离。

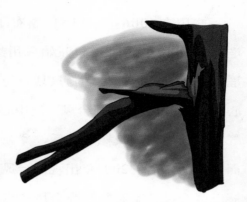

较粗的树木可能会被斩断

5级：不只树木和所有的标示牌都被吹倒，几乎所有的屋顶都被掀翻；工业建筑受损，整幢建筑也有可能被毁；小型建筑被吹倒或被吹飞；低的建筑将严重受损；海滩受损更加严重；

标识牌会被吹倒

飓风登陆前3～5小时内陆岔道就被洪水切断；在这种情况下，距海岸线8～16千米范围内的所有居民及3千米范围内低地建筑内的居民一定要全部撤离。

有资料显示，在大西洋地区历史上，自1886年以来总共爆发了28次5级飓风，其中包括了2005年的著名飓风"丽塔""威尔马"和"卡特里娜"。

由此可见，17级超强台风（202～220千米／小时）相对于5级飓风（>249千米／小时）而言，破坏力较小。飓风的分级，是气象科学发展的结果，台风也必然要根据气象科学的发展再分级。

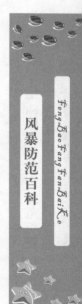

　　我国在2006年5月15日颁布了《热带气旋等级》新标准。从1989年1月1日起开始采用热带气旋国际通用等级标准，在此以前把热带气旋只划分为两级，分别为台风（近中心风力8～11级）和强台风（近中心风力≥12级）。采用热带气旋国际通用等级标准以后，"强台风"用语已被禁用。然而，在16年后的2005年出现的台风"泰利""卡努"都曾经冠以强台风"泰利"和强台风"卡努"。气象部门也并没有干预这次的非气象专业的新闻报道，这就预示了中国气象局将要对原有的《热带气旋等级》标准进行修订，理由很简单，如果对12级以上热带气旋只是统称为台风，这样的名称、风力描述等都过于简单而笼统，不利于普通民众对其进行区分与认识。新标准有利于人们更好地了解台风并进行防御。

　　为方便对比，我们用1米/秒＝3.6千米/小时进行换算，3级台风与5级飓风的比较结果是：台风相当于1级飓风；强台风相当于2级飓风；超强台风则相当于3级或3级以上飓风。

　　根据上述标准，2006年第1号台风"珍珠"的风速已达45米/秒，相当于14级风力，所以是强台风。因此，强台风这一概念的引进，无疑增强了人们的防范意识，有利于人们积极应对、防范和抵抗台风。

　　2006年我国刚刚颁布

飓风来袭

《国家防汛抗旱应急预案》，强台风"珍珠"就出现了，国家防台办高度重视，适时启动了Ⅲ级响应，各级政府也都积极响应，采取了一系列的应急措施，取得了显著的成效，可以说是应急管理体制的一次很好的备战演习。

我国颁布的《热带气旋等级》新标准

风速（米／秒）	风力（级）	等级名称
10.8～17.1	6～7	热带低压
17.2～24.4	8～9	热带风暴
24.5～32.6	10～11	强热带风暴
32.7～41.4	12～13	台风
41.5～50.9	14～15	强台风
大于或等于51.0	16级或以上	超强台风

（二）台风

1. 台风概述

台风（或飓风）特指热带海洋发生的强烈热带气旋。世界各地对台风有不同的称呼，因为发生地点不同，叫法也不同。发生在北太平洋西部、国际日期变更线以西，包括中国南海范围内就叫台风；而发生在大西洋或北太平洋东部时，则被称为飓风。在印度洋和孟加拉湾称为热带风暴，在澳大利亚则称为热带气旋。换句话说，在菲律宾、中国、日本一带叫台风，在美国一带就叫飓风，南半球则称它为"气旋"。

热带气旋是发生在热带或副热带洋面上的低压涡旋，是一种强大而深厚的热带天气系统。像在流动江河中前进的涡旋一样，它能够一边围绕自己的中心急速旋转，一边随周围大气向前移动。热带气旋的气流受科氏力的影响而围绕着中心旋转。在北半球，热带气旋沿逆时针方向旋转，在南半球则沿顺时针方向旋转。气旋中心附近，气压最低，风力最大。但是发展强烈的热带气旋则不同，如台风，台风眼是一片风平浪静的晴空区。

热带海洋气候对热带气旋的强度差异影响很大。国际上以其中心附近的最大风力来确定强度并进行分类：

热带低压：热带气旋中心附近最大风力小于8级。

热带风暴：热带气旋中心附近最大风力为8级或9级。

强热带风暴：热带气旋中心附近最大风力为10级或11级。

台风：热带气旋中心附近最大风力为12级或以上才被称为台风。

世界上平均每年都会发生发生80～100个台风，大多数都发生在太平洋和大西洋上。经统计发现，西太平洋台风的发生主要集中在以下四个地区：

（1）菲律宾群岛以东和琉球群岛附近海面。

这一带是西北太平洋台风多发地区，全年几乎任何时候都有台风发生。1～6月份出现在北纬15度以南的菲律宾萨马岛和棉兰老岛以东的附近海面；6月以后由此区域向北伸展；7～8月份出现在菲律宾吕宋岛到琉球群岛附近海面；9月又向

南移到吕宋岛以东附近海面；10～12月份又移到菲律宾以东的北纬15度以南的海面上。

（2）关岛以东的马里亚纳群岛附近。

群岛四周海面的台风多发季节在7～10月份，5月以前很少，6月、11月和12月则主要发生在群岛以南附近海面上。

关岛以东的马里亚纳群岛

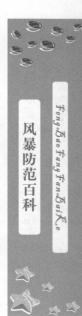

（3）马绍尔群岛附近海面上。

台风多集中在该群岛的西北部和北部。10月最为频繁，1～6月份则少有台风生成。

（4）我国南海的中北部海面。

受我国气候影响，6～9月份为台风的多发季节，1～4月份则少有发生，5月逐渐增多，10～12月份又减少，发生规律呈抛物线状，但发生地点则比较集中，多发生在北纬15度以南的北部海面上。

台风的是一种破坏力很强的灾害性天气系统，其强大的危害性主要表现在以下三个方面：

大风：台风中心附近最大风力一般为8级以上。

暴雨：台风的发生都会伴随暴雨的出现，在台风经过的地区，一般能产生150～300毫米的强降雨，少数台风能产生1000毫米以上的特大暴雨。

风暴潮：台风的发生会使得其发生地区的海水水位上升，近几年的数场台风使我国江苏省沿海最大增水达到3米，超过历史最高潮位，严重威胁到了人民群众的生命与财产安全。

2. 台风的结构

（1）台风外围区。

根据台风区内低空风速大小的分布，可以将台风分为三个区域，分别为外围区（风力8级以下）、涡旋区和眼区。

台风眼区很容易辨别，直径约40千米；涡旋区半径约250千米，是近似圆形的螺旋密蔽云区；从涡旋区向外就是外围区，外围区的风力一般都在8级以下。

台风云图根据拍摄角度的不同，有斜拍和直拍之分。斜拍的角度开阔，范围较广，可以看到地球的形状，但不易确定其中心位置和范围；直拍也就是垂直拍摄，可以确定眼区中心范围一般在10～150千米之间，比较常见的通常直径为30～50千米。而台风的直径一般为600～1000千米，有些甚至

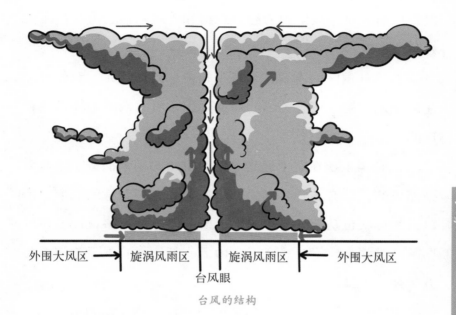

外围大风区 → | 旋涡风雨区 | 旋涡风雨区 | ← 外围大风区

台风眼

台风的结构

达到2000千米。

　　根据台风云图，我们能够及时准确地跟踪台风，但是，台风专业云图需要专业人员来识别。专业人员可以看电视里的后期制作的台风云图，经计算机处理后形象地向非专业人员展示有关的天气预报。多了解一些相关知识，我们可以粗略地判断台风是否会影响本地，及早采取预防措施。在人造卫星未出现之前，人们对台风的结构、天气分布、移动规律等已经有所了解。我们可

台风云图

以根据前人对台风认识的经验总结和台风来临之前的预兆做好防范工作。

台风外围区的卷云：台风来临前，云有预兆。我们可以先简单地了解一下有关云的基本知识，看看云是怎样预兆台风的。

云是由尘埃在空中遇到悬浮在空中的小水滴或小冰晶凝结而成的。云有各种各样的产生原因和各种各样的高度，所以云的形状也是千变万化的。云的分类方法很多，而通用的国际分类法是将云分为高云、中云、低云和直展云四族，每族又分若干属，共10属。

其中一属是卷云，卷云又分毛卷云、钩卷云和密卷云三种。当台风外围接近本地时，天空会出现辐射状的毛卷云，

卷云

辐射点以台风中心为原点，并逐渐变厚、变密。随着台风的移近，逐渐出现了卷层云、高层云和层积云，低空有随风急驶的碎层云和碎积云。中纬度地区高空盛行偏西风，高空的卷云也随之自西向东移动，而影响我国的来自菲律宾以东的热带洋面台风却是自东向西移动的，由此可知，当高空出现了自东向西移动的辐射状卷云时，就是台风到来的预兆。按照卷云前缘相距台风中心600千米左右推算，如果台风中心移动的速度是20千米／小时，而且以直径路线行进的话，那么30个小时后，台风中心就可来到当地。

台风外围区的大风：台风的出现，预示着热带气旋的近中心风力已达到12级。由于地球自转和地面存在的摩擦作

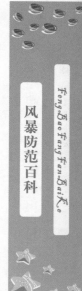

台风

用，在北半球气旋中的地面风向是"逆时针往里吹"的。当台风逐渐接近当地时，会影响当地的盛行风向发生改变。我国是季风气候，6～7月份盛行东南季风，所以，如果在台风来临前几天刮北风、东北风或西北风，就说明当地已受到台风外围气旋性环流的影响了，因为它破坏了正常的季风规律。根据人们长期以来的经验，广东、福建和浙江沿海一带民间流传着这样的谚语："六七月里刮北风，一二日内有台风""六七月东风不过午，过午必台风"等，这些民间说法符合台风发生规律的科学原理，所以，看风向可以判断有无台风的到来。

判断台风，除了根据风向外，还可以根据风速，当风速逐渐增大时，可以推断台风正在逐渐逼近。这是由于台风中心气压低，最大风速形成于靠近中心附近的地方，越靠近中心风速越大。但奇怪的是，在台风真正的中心反倒没有风了。如果风速增大的同时，当地偏北风，风向不变，那么台风将从东南方向向西北方向移动。如果风速增大的同时，当地偏北风转变为东北风，那么台风将向西移动，从当地的南面驶过。如果风速增大的同时，当地偏北风转变为西北风，那么台风将向北移动，从当地的东面驶过。依靠风向预测台风方便而准确。

台风外围区的长浪："无风不起浪"生动的说明了风的直接作用引起水面波动。可以根据浪高来辨别风力的大小。风力越大浪也就越大，如7级风对应浪高4米，10级风对应浪

手绘新编自然灾害防范百科

高9米，而且，风的运动区域越大，风运行时间越长，风浪也就越大。当风力作用停止后，风浪不会马上停止，而是受到重力和摩擦力影响而慢慢减弱。

"无风三尺浪"指的是涌浪，是指风区里的风停止后所遗留下来的波浪，或者风浪离开风区后传至远处。与风浪相比，涌浪的波面比较光滑，波长较长。涌浪在传播过程中，能量会逐渐消耗，波高逐渐降低，同时周期和波长也逐渐增加。涌浪的波长（相邻两波峰间的水平距离）比其波高（相邻波峰与波谷间的垂直距离）大40～100倍，个别的甚至可达1000倍以上，所以涌浪也叫做"长浪"。因为涌浪的大范围平滑运动，使得它在海上难以被发觉，观察涌浪需要在靠近岸边的地方。波长越长的浪传播速度越快，速度超过台风，在台风未到之前浪先到，所以"长浪"也是台风来临前可供

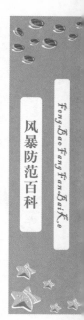

长浪

评测的一个重要预兆。

风浪和涌浪的形成主要是由于热带气旋中的大风和中心的极低气压作用，以及周围环境的海面产生。涌浪的速度是热带气旋的2～3倍，距离可达1000～2000千米。当涌浪的传播方向与热带气旋移动方向相同时，则高于其他传播方向的涌浪的高度。涌浪一般提前于台风2～3天到达。我国黄海和东海沿岸观测到的台风涌浪，波浪高度一般在3米以下，周期仅为10秒左右。

台风外围区的物象：除了风云，还有其他物象可以用来判断台风是否会来。例如，台风入侵前两三天，海水表层会出现"海火"、"浮灯"，在海面上一点点、一片片的磷光，闪闪烁烁，时浮时沉。其实这只是一些发光浮游生物（如磷虾、角藻、磷夜光虫、细菌等）以及寄生有磷细菌的某些鱼类，浮动在海水表层时呈现的景象。有些鱼类，特别

鱼群及海面

是浅海鱼类在台风前要上浮，如一种被称作"风台"的粤东沿海的小鱼，土名"仔"，台风出现前几天会特别的多。还有一些较大的鱼，也往往群集海面，深海鱼也随海流从深海来到浅海，有时也会看到鲸。还有一些上浮的底栖生物、深层鱼类，如海蛇也会上浮海面缠结成团等。

这是因为，首先，外海台风的风浪驱使这些鱼类及浮游生物上浮和少见海洋生物的趋集近海。其次，虽然人听不到低频的风暴声波，但海中鱼虾却可以感觉到，受到惊扰骚动，四处流窜。而且由于台风区内气压下降，海水中含氧量减少，所以要浮上海水表层。另外，有些海洋生物喜好在这种气象条件下加快繁殖，因此群浮海面。此外，还有一个促成浅海鱼类及底栖生物浮上海面的原因就是海水污浊、泥沙翻滚。

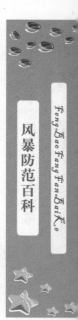
除了海中生物，海鸟的反常行为也是台风的预兆，如有时会出现大群海鸟惊恐地飞向陆地，或疲乏不堪地跌落在船上或海面，甚至不惧人地群歇在船上……这都是由于海鸟对台风的惊惧而形成的。

海鸟

除了看物象可以预测台风外，看海象也能预测台风。

（2）台风涡旋区。

涡旋区中的狂风：热带气旋的涡旋区，一般直径为

200～400千米，风力通常在8级以上。距中心区的直径可达100～150千米，风力可达10级，当距中心小于100千米时，风力向热带气旋中心急速增大，并在热带气旋眼壁处达最大。最大风速通常在60～70米/秒之间，也会超过100米/秒，并带有阵性，阵风一般比平均风速要大30%～50%。热带气旋中心眼区附近的最大风速带，宽度平均为10～20千米，与环绕台风眼的云墙相重合，是热带气旋破坏力最猛烈、最集中的区域。

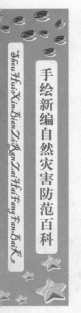

涡旋区中的"云墙"：热带气旋的涡旋云墙在靠近眼区的周围，是由高大的对流云组成的，高8～9千米，宽10～20千米。"云墙"是热带气旋中天气最恶劣的区域，常带来狂风暴雨。热带气旋发展到台风等级时，绕台风眼周围的"云墙"通常会比较完整，但也有不成形的。紧靠"云墙"的是呈螺旋状分布的积雨云带。在这里还会普遍产生浓厚的层状云。螺旋状积雨云带和层状云的外缘，还有塔状的层积云或浓积云，在热带气旋行进的方向上，塔状云更多，而且云体随风漂移，有时被强风吹散，民间称它为"飞云"，俗称"和尚云"或"跑马云"。

涡旋区中的暴雨：在涡旋区8～9级风圈内，气压急剧下降，雨层云是下雨的云，灰暗浓厚且不规则，遮蔽天空后开始降大暴雨。雨层云不同于积雨云。积雨云下的是阵性的倾盆大雨，属于积状的直展云族。而雨层云是暗灰色的层状云，云体均匀成层，布满整个天空，遮蔽日月，云底常伴有碎雨云，下的是连续性的雨。当进入热带气旋"云墙"的10~12级风圈后，电闪雷鸣，狂风怒吼，降大暴雨到特大暴雨。其中的暴雨、大暴雨和特大暴雨都是降雨量的等级。下面是我国气象部门规定的降雨量等级划分，以24小时总降雨量为基准：

零星小雨：小于0.1毫米；

小雨：0.1~10.0毫米；

中雨：10.1~25.0毫米；

大雨：25.1~50.0毫米；

暴雨：50.1~100.0毫米；

大暴雨：100.1~200.0毫米；

特大暴雨：大于200.0毫米。

1975年8月，我国河南驻马店地区遭遇7503号热带气旋

河南驻马店特大暴雨

袭击，形成百年难见的特大暴雨，日最大降水量达1005.4毫米，1小时的最大降水量达235毫米，造成严重的经济损失和人员伤亡。

2007年8月18日清晨，热带气旋"圣帕"在台湾东部地区登陆，19日2时在福建惠安登陆。受其影响，浙江中东部、福建大部和广东中东部出现了大到暴雨或大暴雨，部分地区降了特大暴雨。其中福建柘荣8时的24小时降雨量达258毫米。截至22日17时统计，"圣帕"造成福建、浙江、江西、湖南、广东五省811.7万人受灾，因灾死亡39人，失踪8人，紧急转移安置176.4万人；农作物受灾面积507.9万亩，其中绝收54.6万亩；倒塌房屋2.3万间；因灾直接造成的经济损失达67.1亿元。

涡旋区中的巨浪：热带气旋中的中心气压极低，因此气旋内的大风使周围海面产生巨大的风浪和涌浪。风所引起波浪高度的大小与风速大小、大风持续时间成正比，风力达8级时一般可产生5米以上的巨浪，风力达到12级以上则可以产生波高达十几米的狂涛，越接近热带气旋的中心，风浪越高。

热带气旋逼近当地时，由于气压降低会引起水位上升。平均气压每降低1百帕，会引起水位上升1厘米。热带气旋在沿海登陆时，伴随着暴雨和向岸风的影响，再遇到天文大潮，就会引起海面水位异常上涨，造成港湾内海水堵塞、堆积，有时冲毁海堤引起海水倒灌，淹没码头和陆地，造成无法估量的巨大损失。如1969年7月28日在广东惠来登陆的

6903号台风，与天文潮叠加，致使风暴潮冲毁了海堤，海浪高达数层楼，五六十吨的船只被抛进内陆几十米。2012年8月2日03时15分左右，强台风"苏拉"在台湾省花莲市秀林乡沿海登陆；8月2日21时30分前后，台风"达维"在江苏

海堤

省响水县陈家港镇沿海登陆。由于"达维"登陆又恰逢农历十五天文大潮期，形成风雨潮三碰头的灾害性影响，同时该台风登陆时强度保持台风强度，也是1949年以来登陆长江以北的最强台风。根据民政部、国家减灾办4日9时初步统计，台风"苏拉"和"达维"共造成江苏、浙江、福建、山东4省5人死亡，1人失踪，93.2万人紧急转移。2013年7月7日～14日，超强台风"苏力"袭击日本、菲律宾、中国大陆、台湾，造成8人死亡，经济损失达4.57亿美元。

（3）台风"眼区"。

"眼区"的识别：热带气旋的眼区一般是圆形的，也有椭圆形的。眼区直径的大小受热带气旋的强度影响，在热带气旋发展初期，眼区形状不规则，范围也较大。当热带气旋强烈发展时，眼区缩小呈圆形，并成轴对称分布。

"眼区"的气温与气压：热带气旋较温带气旋多一个暖中心结构，即中心温度最高，这也是两者最显著的差别。流入热带气旋中心区的辐合上升的气流中，具有充沛的水汽，

风暴防范百科
Feng-Bao Fang Fan Bai Ke

当眼区经过时，气温有时会增高5℃～6℃，甚至10℃以上。凝结时就能释放出大量潜热，加上热带气旋眼区内下沉气流的绝热增温，因而使热带气旋附近强烈增温，形成热带气旋的暖中心结构。

热带气旋是热带地区的暖性低压涡旋。中心的气压值很低，通常在950～870百帕之间。气压明显地影响了天气的变化，当气压降低时，天气往往变坏，常伴随有大风、阴雨和低能见度等不良天气；当气压升高以后，天气也随之转好。我们现在经常看到的天气预报，就是由气象台根据气压的分布和变化情况分析而出的。气象台每天分析几次地面天气图和高空天气图，即分析气压形势，然后再以此为基础作天气预报。

气旋就是一个低气压，对应出现阴雨天气，而反气旋就是一个高压，对应出现晴朗天气。

气压也叫大气压力，是大气作用于地球表面单位面积上的力，可以认为，气压是指某地某高度起到大气顶的单位面积空气柱的重量。由于低层流入气旋的空气少，高层流出气旋的空气多，整个气旋空气柱的重量轻了，所以，气旋中心的气压就低了。

"台风眼"内的"金字塔"浪和风暴潮：台风内部有一个很神秘的地方，那就是台风眼。它的气温最高，气压最低。气压最低应当是云雨的天气，但是在台风眼中没有风雨，云淡风轻，可见蓝天。前面提到过的气旋也是一个低压，却会引发暴雨天气。同样的低压却有这样明显的区别，其主要原因是，气旋中的低压会吸引周围空气产生上升气流，高度上升，气温随之降低，水汽凝结成云致雨。这里关键的是上升气流，有上升气流就会有阴雨天气，有下沉气流就会有晴朗天气。台风眼内就是因为有下沉气流，所以是晴朗的天气。

台风的地面气流不同于气旋，它是逆时针向里吹的，风从四面八方吹来，但是都"挤"在地面，挤不下的自然就产生了上升运动。离开地面的气流，摩擦力会减小，到一定高度就没有摩擦力了，而这时的气流由逆时针往里吹，变成了沿逆时针吹方向了。上升气流到一定高度后向四周流出，流出的气流在地球旋转的作用下，与地面作相反的旋转运动，即作顺时针的旋转运动。这样一来，低层和中层的气流都进不了中心，这个中空的地方只能由台风的顶部来填补了。因此在台风的顶部有从四面八方来的气流，它们不能全都集聚在一起，于是形成"往下跑"的气流，这样下沉气流就形成了一个无风晴朗的"台风眼"。

"台风眼"内无风无云，但由于中心气压极低，所以海面却是波涛汹涌。浪形状有如"金字塔"，浪顶一经破裂，如悬崖崩堤，惊涛拍岸，对船舶的危害极大。

3. 台风的形成

（1）台风的成因。

关于台风的成因，至今仍无一个确定的说法，我们只能推测它是由热带大气内的扰动发展而来的。每逢夏季，太阳直射区域从赤道向北移，致使南半球之东南信风越过赤道转向成西南季风侵入北半球，和原来北半球的东北信风相遇，压迫空气上升，增加对流作用，又因西南季风和东北信风方向不同，相遇时常造成波动和旋涡。这种西南季风和东北信风相遇所造成的辐合作用，加之原来的对流作用持续不断，使已形成的低气压旋涡继续加深，也就是使四周空气加快向旋涡中心流，流入愈快，其风速就愈大；当近地面最大风速达到或超过17.2米/秒时，就称它为台风。

热带海洋的海面上经常有许多弱小的热带涡旋，这是形成台风的"胚胎"，台风就是从这种弱的热带涡旋发展成长起来的。通过气象卫星已经查明，在洋面上出现的大量热带涡旋中，约有1/10会发展成台风。

（2）台风形成的基本条件。

台风的形成要有足够广阔的热带洋面，这个洋面不仅要求海水表面温度高于26.5℃，而且在60米深的海水层里，水温都要高于26.5℃。其中，广阔的洋面还是形成台风的必要自然环境，台风内部空气分子之间互相摩擦，每平方厘米每天平均要消耗的能量很多，需要3100~4000卡，这个巨大的能量只有广阔的热带海洋释放出的潜热才可能供应。另外，热带气旋周围有旋转的强风，会造成中心附近的海水的翻涌，气压甚至可以低到海洋表面向上涌起，继而又向四周散开，于是海水也就从台风中心向四周翻腾。台风里这种海水翻

腾现象能影响到60米的深度。在海水温度低于26.5℃的海面上，热能不够，台风很难维持。为了确保在这种翻腾作用过程中海面温度始终在26.5℃以上，必须有60米左右厚度的暖水层。

在台风形成之前，预先要有一个弱的热带涡旋存在。就

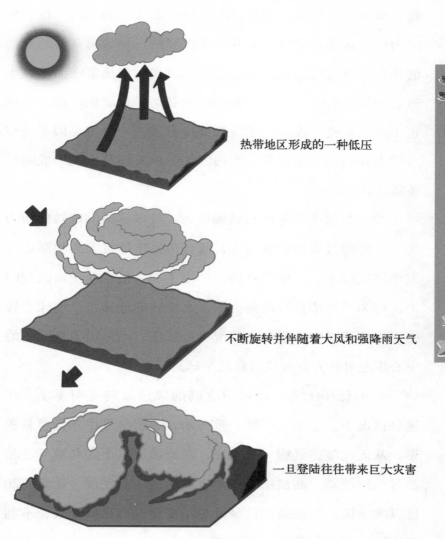

热带地区形成的一种低压

不断旋转并伴随着大风和强降雨天气

一旦登陆往往带来巨大灾害

台风形成的过程

如同机器的运转需要消耗能量来源一样。台风也是一部"热机"，自己制造能量来源。它以巨大的规模和速度转动，要消耗大量的能量，而台风的能量来自热带海洋上的水汽。在一个事先已经存在的热带涡旋内，当气压比四周低的时候，周围的空气流向涡旋中心并挟带着大量的水汽，在涡旋区内向上运动；湿空气上升，水汽凝结，释放出巨大的凝结潜热，促使台风运转。即使有了高温高湿的热带洋面供应水汽，如果没有空气强烈上升，产生凝结释放潜热过程，台风也不可能形成。因此，生成和维持台风的一个重要因素是空气的上升运动。先存在一个弱的热带涡旋则是台风形成的必要条件。

要有足够大的地球自转偏向力。地球赤道的地转偏向力为零，愈向两极则愈渐增大，故台风发生地点大约相距赤道五个纬度以上。地球的自转，产生了一个使空气流向改变的力，称为"地球自转偏向力"。在旋转的地球上，地球自转的作用使周围空气很难直接流进低气压，而是沿着低气压的中心作逆时针方向旋转（在北半球）。

在弱低压上方，高低空之间的风速风向差别要小。在这种情况下，上下空气柱一致行动，高层空气中热量容易积聚，从而增暖。气旋一旦生成，在摩擦层以上的环境气流将沿等压线流动，高层增暖作用也就能进一步完成。在北纬20度以北地区，气候条件已经发生了变化，高层风变大，不利于增暖，不易出现台风。

4. 台风的生命史

台风从形成、发展到最后消亡的全过程被称为台风的生命史，通常可以分为四个时期。

（1）形成期。

由最初形成低压环流到强度达到热带风暴（近中心最大风力为8～9级）。

（2）发展期。

强度继续增大，持续到中心气压达到最低值，使得近中心的最大风力达到最大值。

（3）成熟期。

中心强度、中心气压和风力都不再增长，大风区和雨区却还在逐渐扩大，直到大风区范围达到最大。

（4）衰亡期。

热带气旋产生和维持条件发生改变时，热带气旋逐渐减弱和消亡而转变为温带气旋。

热带气旋的消亡通常有三种情况。第一种：热带气旋登陆后，由于水气供应量减少，能量来源枯竭，同时由于陆地摩擦作用，迅速减弱消失，最后完全消失。但是其中有一部分台风在近海地区登陆后能重新入海，在海上再度补充能量而得以加强。第二种：热带气旋进入中高纬度时，一般会有冷空气侵入，这时候，热带气旋不再是单一的暖空气了，而逐渐形成冷暖锋，转变为温带气旋。第三种：热带气旋范围内大量的降水。大量的降水过程就是热带气旋能量释放的过

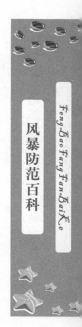

程，能量释放完了，热带气旋也就随之减弱消亡了。

热带气旋的生命期（从形成闭合环流起直到消失或转变为温带气旋止）一般为3～8天，最长的有20天以上的，最短的为1～2天，通常夏、秋季较长，冬春季较短。

5. 台风的危害

台风灾害是最严重的自然灾害，其发生的频率远高于地震灾害，因此，台风所造成的累积损失也远远高于地震灾害。1991年4月，在孟加拉国登陆的台风使13.9万人丧生。我国是世界上受台风危害严重的国家之一，近年来，因为台风而造成的损失每年都在100亿元人民币以上，甚至有些猛烈的台风，一次造成的损失就超过100亿元人民币，如9417和9615号台风。

台风在海上行进的时候，会掀起巨浪，并伴随有狂风暴雨，对航行的船只造成的威胁极大。当台风登陆时，狂风暴雨会给陆地造成巨大灾难，特别是对农业、建筑物的危害最大。

台风主要有以下危害：

（1）暴雨。

摧毁农作物，使低洼地区受淹。

（2）暴风。

摧毁房屋建筑，中断电力通信，毁坏农田作物等。

（3）盐风。

含有大量盐分的海风，导致农作物枯死、电路漏电等。

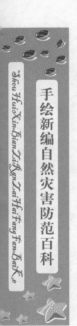

（4）焚风。

常出现在山脉背风坡，高温低湿，使农作物枯萎。

（5）洪水。

河水高涨冲决河堤，淹没道路，毁损农田、房屋建筑等。

洪水淹没道路

（6）巨浪。

浪高可达20米，使船只颠覆沉没，摧毁海堤码头。

巨浪

（7）暴潮。

暴风使海面倾斜，同时低气压使海面升高，于是出现海水倒灌现象，淹没沿岸陆地。

（8）地质灾害。

风、雨、洪水引发山洪、滑坡、泥石流等。

（9）疫病。

水灾后常因水源污染引发消化道传染病。

2005年台风"麦莎"来临时，波及江苏8个省辖市的75个县（市、区），全省受灾人口达543万人，受灾人数达233万人；因灾紧急转移安置18.8万多人；房屋倒塌9351间，其中倒塌民房3165间；损坏房屋23743间；农作物受灾面积39万公顷，成灾面积22万公顷，绝收面积8462公顷；灾害造成的直接经济损失达12亿元。

2008年第1号台风"浣熊"，是建国以来第一个4月份登陆我国的台风，导致华南至少5人死亡及人员失踪，经济损失巨大，广东的一个水库因蓄水过多而溃坝，基础设施破坏严重，造成华南历史上4月最为严重的洪涝灾害，降水量破历史上4月记录。

2009年台风"莫拉克"造成台湾、大陆共500多人死亡，近200人失踪，46人受伤。台湾南部雨量超过2000毫米，造成数百亿台币的损失，大陆损失近百亿人民币。

2010年的11号台风"凡亚比"9月19日从花莲登陆，造成台湾南部暴雨成灾，导致人员伤亡和基础设施严重损毁以及工农业损失。20日早晨在福建二次登陆，狂风暴雨给福建和广东也造成了严重的灾情。

2013年，台风"西马仑"于7月15日～18日袭击中国大陆及台湾，造成大陆1死1失踪，经济损失达2.53亿美元。

6. 台风也并非一无是处

台风除了破坏的一面，也有为人类造福的一面。对某些地区来说，庄稼的生长、农业的丰收，都要倚赖台风带来的丰沛降水。占全球强热带气旋总数60%的西北太平洋的台风、西印度群岛的飓风和印度洋上的热带风暴，给肥沃的土地带来了丰沛的雨水，形成适宜的气候。台风降水也是我国江南地区和东北诸省夏季雨量的主要来源。正是有了台风，才解除了珠江三角洲、两湖盆地和东北平原的旱情灾害，确保农业丰收；台风带来的大量降水，也使许多大小水库蓄

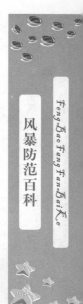

台风

满雨水，水利发电机组能够正常运转，节省原煤；台风来临时，还可以降温消暑。

（1）台风能解渴驱旱。

随着全球人口激增和工农业发展，对淡水的需求量日益扩大，而陆地上有限的淡水资源分布并不均匀，世界性水荒已经越来越严重。台风却能给人们带来丰沛的降水。如中国沿海、印度、东南亚、日本海沿岸和美国东南部，台风带来的降水量约占这些地区总降水量的1/4以上，很大程度上改善了这些地区的淡水供应和生态环境。

因为受台风的影响，各地普降大雨，各大水库蓄水丰富，可缓解旱情和用水紧张。

例如，台风"海棠"使金华一带一些原本干涸的土地饱尝甘霖，全市各大中型水库也趁机蓄水。同时，台风使金华

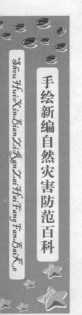

发射火箭炮弹

市26座大中型水库蓄水量迅速上升，平均蓄水率由台风前的76%上升至78%。加上其他小型水库的新增蓄水，台风为金华市至少带来1707万立方米的新增蓄水，也为以后的抗旱工作提早做准备。

现在，人们已不再消极地承受台风所带来的痛苦了，而是学会享用台风的送水解渴，随着科学技术的发展，人们积极主动地实施人工增雨。如发射火箭炮弹或飞机投弹的方法，让台风按人的指令，哪里缺水就往哪里送水。

（2）台风能驱散热量。

除赤道以外，赤道附近的热带、亚热带地区受日照时间最长，干热难忍，台风的出现，能够适当地驱散这些地区的热量，否则当地的气温更高，地表沙荒将更加严重。同时寒带将会更冷，温带将会消失。我国将没有江南鱼米之乡，没

风暴防范百科

FengBaoFangFanBaiKe

鱼米之乡

北大仓

内蒙古草原

有四季常青的广州，也没有昆明这样的春城，"北大仓"、内蒙古草原亦将不复存在。台风在调节地球热平衡过程中是有功劳的，地球如果失去热平衡，生态环境将遭到破坏，地球上的生命也将遭受灭顶之灾。

（3）台风助长生命的活力。

台风在其巨大能量的形成及运行时，借助闪电等作用，击碎水分子长链，形成具有活性的短链水分子。而地球上的生物在吸入这些短链水分子后，可增添生命的活力，有利于地球的生态持久发展。

台风还能增加捕鱼产量。每当台风吹袭时，翻江倒海，将江海底部的营养物质卷上来，鱼饵增多，海水营养丰富，吸引鱼群在水面附近聚集，渔获量自然提高。

捕鱼

7. 台风名字趣闻

（1）台风名字的由来。

通常情况下，人们把太平洋上生成的热带气旋称作台风，而把在大西洋上生成的热带气旋称作飓风。可以看出，飓风和台风都属于北半球的热带气旋，只是它们产生在不同的海域，被不同国家的人民起了不同的名字。

我们都知道台风"卡特里娜"，其实，"卡特里娜"是一个女人的名字。为什么用它来给台风命名呢？还有"龙王"，本来是我国神话中掌管天下雨水的神，我们把"龙王"确定为一个台风的中文命名。有时会说"龙王"台风，有时也说"龙王"热带风暴。这些是不是很令人不解？下面我们就来介绍一些有关飓风和台风的命名知识，解开你的疑团。

为了区别海洋上同时出现的多个台风，美国军方在二战时就开始给台风取名，最初以女性的名字命名，后来又添加了男性的名字。2000年起，国际气象组织中的台风委员会开始负责台风的统一命名。现在西北太平洋及南中国海台风的名字，由台风委员会的14个亚太地区成员（中国、中国香港、中国澳门、朝鲜、韩国、日本、柬埔寨、泰国、菲律宾、越南、老挝、马来西亚、密克罗尼西亚联邦和美国）各提供10个名字，分为五组列表。我国提供的10个名字是：龙王、玉兔、风神、海马、悟空、海棠、杜鹃、海神、电母、海燕。同时用一个四位数字的编号来排序。编号中的前两个数字为年份，后两个数字则是台风在该年生成的顺序。中央

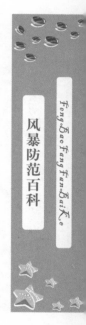

风暴防范百科

Feng Bao Fang Fan Bai Ke

气象台与香港天文台、澳门地球物理暨气象台协商后确定台风的中文命名。

（2）如何给飓风命名。

飓风是近中心最大风力大于或等于12级的热带气旋，发生时伴有暴雨、狂风、巨浪和暴潮，给人们带来很大的危害。人类要提高防灾抗灾意识，减少灾难所造成的危害和损失，首先需要了解飓风，跟踪每一个飓风的发展、变化和活动情况，因此，有必要给飓风命名和编号加以区分研究。19世纪时，加勒比海地区的居民每逢飓风来临之日，选择当时某位圣徒的纪念日，来为飓风命名。20世纪初，澳大利亚气象学家开了一个小小的玩笑，用那些讨厌的政客们的名字命名。

在1950年以前，美国是按照飓风的发生顺序来命名的。如"飓风1号"就是指第一场飓风，"飓风2号"就是指第二场飓风，以此类推。曾经一段时期内还使用过军用代码。

从1953年开始，所有的飓风又都以女人的名字来命名。美国首先确定大西洋的飓风命名都采用英文字母为字头（Q、U、X、Y和Z除外）的四组少女名字。从1978年起，男人和女人的名字同时都被采用为对北太平洋飓风的命名，男女两种名字交替使用。20世纪90年代，世界气象组织成员国在这个名单的基础上做了修改，改为英国人、法国人和西班牙人常用的名字，而且男女两种名字交替使用。例如，1995年的第一场飓风叫Allison，随后发生的飓风就叫Barry，两个都是男人的名字；1996年第一场飓风叫Arthur，下一场飓风叫Bertha，这些都是女人的名字。总共有6张飓风名字表，每张表上列有首字母从A到Z的字母（Q、U、X、Y和Z除外）。飓风名字随名单的轮换而轮换。

（3）台风名字的取舍。

台风名字的选择并不是固定不变的，有很多的原因可以让一个台风名字"下台"。如一个台风造成了极大的破坏，变得十分知名，为了防止混淆，就考虑将这个名字"打入另册"永不续用，以便在台风气象灾害史上记录标志性的事件。还有的名字是因为引起一些成员国的争议而"下台"的。

2005年10月2日，"龙王"台风先后登陆我国台湾和大陆发难。由于台风"龙王"登陆后，给东南沿海造成重大经济损失和众多人员伤亡，经我国申请，世界气象组织下属台风委员会于2005年11月举行的第38届会议决定，将"龙王"退出台风名册，之后我国提交新的台风名字"哪吒"。

龙

"下台"的名字还有：2001年的"画眉"，2002年的"鹿莎"，2003年的"伊布都"、"翰文"，2004年的"云娜"。在大西洋"下台"序列中有：Andrew、Bod、Camille、David、Elena、Frederic。

（三）龙卷风

1. 龙卷风概述

龙卷风也叫龙卷，得名于我国的古老神话，因为龙卷风的发生状与神话里在风浪中翻滚、腾云驾雾的东海蛟龙很相像。它还有很多形象的别名，如"龙吸水""龙摆尾""倒挂龙"等。

龙吸水

龙卷风是一种伴随着高速旋转的漏斗状云柱的强风涡旋。它是破坏力最强的小尺度天气系统，也就是水平范围较小、生命期较短的天气系统。其靠近地面部分的直径范围最小达几米，最高可达几千米以上，一般数百米直径最普遍。龙卷中的风是气旋性的，一般在北半球作逆时针旋转，在南半球则作顺时针旋转。龙卷风的强烈风速来自于龙卷自身内部的低气压与周围同一高度气压的很大的气压差，形成一般估计为50～150米/秒的龙卷风速，最大值可达200米/秒。产生龙卷的积雨云也就是母云的移动决定了龙卷的移向、移速。母云的移速通常为40～50千米/小时，最快能达到90～100千米/小时。其移动路径多是直线，一般只有数千米，有时也达数十千米。

龙卷风出现的同时还会有一个或数个"象鼻"状的漏斗形云柱从云底向下伸展。漏斗状云柱形成的重要原因是龙卷风内部空气非常稀薄，导致温度急剧下降，促使水汽迅速凝结。漏斗状云柱的直径平均为25米左右。

龙卷风出现时还会伴有狂风、暴雨、雷电或冰雹天气。龙卷风有很大的吸吮作用，经过水面，能把海（湖）水吸离水平面，形成水柱，同云相接，俗称"龙取水"；经

冰雹

过陆地，能把房屋推倒，大树连根拔起，甚至把人、畜和杂物吸卷到空中，带往几百几千米以外的地方。

当漏斗云伸展至陆地表面时，大量沙尘被吸到空中形成尘柱，称为陆龙卷；当漏斗云伸到水面时，能吸起高大水柱，称为水龙卷。一般水龙卷持续的时间比陆龙卷长，但威力较小。原因是水面与空气的温差比陆面与空气的温差小，无法形成强烈的上升气流。此外，从火山爆发和大火灾产生的烟和水蒸气中，也可以产生龙卷风，这种龙卷风被称为火龙卷或烟龙卷。沙漠地区还可能出现一种尘卷风，它与陆龙卷或水龙卷从云层中旋转而下的方式不同，是由热空气柱从地面旋转而上形成的。尘卷风也会造成灾难，但它的破坏力量比龙卷风小得多。

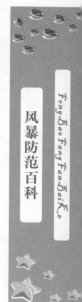

风暴防范百科

Feng Bao Fang Fan Bai Ke

2. 龙卷风的特点

龙卷风多发生在夏季雷雨天气时，尤其是下午到傍晚的时间，主要有以下特点：

（1）袭击范围小。

龙卷风的直径平均为200～300米，直径最小的只有几十米，最大可达1000米以上，但这极为少见。其影响范围从几米到几十米，甚至也会出现影响上百千米的情况。

（2）寿命短促。

龙卷风奔袭而来，见到它的人有时甚至来不及拿出相机按动快门，它就已经过去了。通常情况下，龙卷风从生成到消失，不过几分钟的时间，最长的也超不过几小时。如果出现的龙卷风较小，则其寿命更为短促，一般只有10～15分钟，最长也不超过50～60分钟。

（3）出现的随机性大。

龙卷风的发生瞬息及至，转眼消失，很突然，所以目前气象部门还不能对龙卷风做准确的预报，只能利用气象雷达，通过对雷暴积雨云的监视，以判断在某一地区产生龙卷风的可能性。

龙卷风通常在北半球作逆时针旋转，在南半球作顺时针旋转，但不乏例外的情况出现。现在还没有研究出龙卷风形成的确切机理，一般认为和大气的剧烈活动有关。

（4）中心气压极低。

一个标准大气压是1013百帕，但龙卷风中心的气压可以低到400百帕，甚至200百帕。内外气压差使龙卷风形成巨大吸力，龙卷风所到之处，其所触及的水和沙尘、树木、人、畜等都能被吸卷而起，高可入空，形成高大的柱体。

我们可以把龙卷风想象成一杯茶水，用一根细棍在茶杯里搅一下，中间就会形成一个旋涡，此时中心气压低于周围，周围的茶叶随着气旋流向茶杯中间水涡中，然后往上升，这就是龙卷风吸入周围物体的原理所在。

（5）风力巨大，破坏力极强。

龙卷风是自然界最具破坏力的现象之一。其所过之处，能把树木、汽车、铁轨、轮船及建筑物等抛起、掀翻甚至摧毁。龙卷风中心附近的风速可达100～200米／秒。

（6）蕴含的能量巨大。

当龙卷风的漏斗状旋涡直径为200米时，其旋流功率可达3万兆瓦，相当于10座大型水电站的总电量。

龙卷风发生突然、过程极短、能量巨大、破坏力极强，正因如此，增加了监测预警和防御的难度，往往造成灾难性的损失。

3.涡旋和龙卷风的形成

一般我们看到的龙卷风，形状是从云底伸向地面，就像一个漏斗，底部狭窄，顶部宽阔。除去这些我们看得到的表象，龙卷风其实是一种涡旋，只不过是倒过来的涡旋，它也向上伸展，使空气向上运动，一路盘旋上升，直到云块的中

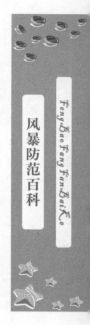

风暴防范百科 FengBaoFangFanBaiKe

龙卷风像漏斗

部。龙卷风之所以形成漏斗锥形，是因为低压将涡旋向下拉扯时，其中每一层的空气质量并没有因此而改变，从而造成了涡旋的半径逐层减小。

涡旋一开始其实是云块中部一团旋转的空气，它形成于上升气流中。空气通过上升气流升高，且质量在旋转中保持不变，上升的气流至顶部离开，而在此时，新的空气从底部进行补充。当涡旋被拉向地面，由于伸展而下端变细时，便形成了龙卷风。

当然，空气的运动并不是这么简单，一成不变的。当空气于云块中部旋转时，它除了具有一定的质量外，还具有旋转速度和一定的半径。当质量、速度、半径这三个因素中的任何一个因素发生变化时，必然会影响到其他两个因素同时改变，这样角动量才能守恒。

龙卷风漏斗的狭窄一端角速度加快，是因为空气质量保持不变，下部变细使半径减小的结果，又由于被吸入其中的空气自身向相同旋转速度的辐合而加速，因此，我们在地面上看到龙卷风，通常以惊人的速度旋转而来。而在在云块中部（涡旋顶部），半径较大，空气旋转速度也就相对较慢。此外，涡度和角动量守恒是龙卷风无边威力的来源。

4. 龙卷风的形成条件

龙卷风的形成需要三个必要条件：

空气湿润且非常不稳定；

在不稳定空气中形成塔状积雨云；

高空风与低空风方向相反，从而产生风切变将上升的空气移走。

这些都是很容易就能形成的条件，而三者齐备也并不困难，尤其是在北美地区。但是三个条件同时出现并不意味着一定会产生龙卷风，只能说明存在龙卷风发生的可能性。

龙卷风最常产生于强烈的积雨云中，这是因为积雨云内有强烈的上升气流和下沉气流。这种上升下沉气流之间会形成涡旋运动。条件发展成熟以后，则形成涡环。涡环足够长，从积雨云内下垂时，就会形成具有强大破坏力的龙卷风

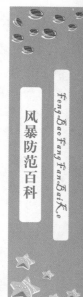

龙卷风的形成条件

了。从云中伸向地面的过程中，多数龙卷风还未着地就已经消失，然而一旦触及地面，有了受灾的客体，就会产生极大的破坏。

龙卷风是云层中雷暴的产物。也就是说，龙卷风就是雷暴巨大能量中的一小部分在很小的区域内集中释放的一种形式，形成过程可以分为四个阶段。

大气的不稳定性产生强烈的上升气流，而且它会在最大过境气流的影响下进一步被加强。

由于与在垂直方向上速度和方向都有切变风相互作用，上升气流在对流层的中部开始旋转，于是形成中尺度气旋。

中尺度气旋分别向地面发展和向上伸展，在伸展过程中，它本身变细、增强；同时，在气旋内部形成一个小面积的初生龙卷，与产生气旋的同样过程形成龙卷核心。

龙卷核心中的旋转与上述中尺度气旋中的不同，它的强度

龙卷风的形成

高得足以使龙卷一直伸展到地面。当发展的涡旋到达地面时，地面气压急剧下降，地面风速急剧上升，从而形成龙卷风。

5. 龙卷风的发展过程

龙卷风从发生到消亡，过程短暂。在其生命周期内，漏斗云的形状和大小经历相当大的变化。龙卷风的发展过程可分为五个阶段，彼此会有重叠反复。

（1）尘旋阶段。

最明显的特征是看得见尘埃由地面向上旋转，兼或有短漏斗云从云底下垂下来。

（2）组织化阶段。

漏斗云整个向下沉，龙卷风的强度逐渐增大。

（3）成熟阶段。

此时龙卷风几乎呈垂直状，并且达到它的最大宽度。

（4）缩小阶段。

漏斗云宽度开始减小，倾斜度加大，有一条狭而长的破坏带。

（5）减弱阶段。

此时涡旋拉成绳索状（由于垂直风切变或地面拖拽的影响），可见到的漏斗云变得逐渐扭曲，直至消散。

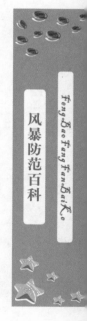

6. 龙卷风的等级

龙卷风的强弱差异很大，美国芝加哥大学龙卷风专家藤田博士对龙卷风做了进一步的科学研究，根据风力及破坏程度，将龙卷风分为六个等级，分别为：F0、F1、F2、F3、F4、F5，英文字母F取自藤田（Fujita）名字的首字母。

目前，主要是通过获取风速来判断龙卷风的强度。

（1）根据气压梯度计算风速。

这种方法的实施过程相当危险且成功率不高，需要冒着生命危险将气压计提前安装在龙卷风即将经过的路径上，并保证在龙卷风过去后，仪器还能完好无损地被取回。

（2）从造成的破坏中推断风速。

藤田先生为此提出了"藤田龙卷风强度等级"，根据龙卷风造成的破坏程度来推断风速的强弱。

（3）多普勒雷达测量。

多普勒雷达较为先进，可以从远处对龙卷风的风速进行直接测量，相对气压梯度来说比较安全。

多普勒雷达

7. 龙卷风的类别和强度

（1）按发生位置分类。

龙卷风一般被分为三类，分别是：

陆龙卷：漏斗云向下伸展触及地面的。

水龙卷：漏斗云向下伸展至水面的（至海面的又称海龙卷）。

高空漏斗云：漏斗云向下伸展而悬挂在高空。

（2）按强度分类。

按强度可以分为三类：微弱龙卷风、强烈龙卷风和剧烈龙卷风。

微弱龙卷风：风速一般在18～25米/秒之间的龙卷风被称为微弱龙卷风。典型的微弱龙卷风只有一个长而狭小的漏斗云，在轴中心处垂直风速达到最大，但是也不强，而且其倒圆锥状的漏斗云底端并没有接触到地面，这是最常被发现的龙卷风。周围有雨幕产生的时候，就预兆着这种龙卷风马上就要结束了。

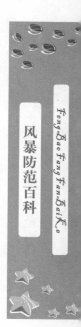

强烈龙卷风：强烈龙卷风通常有一个很明显的柱状漏斗云，涡旋也很强，触及地面会有剧烈的狂风暴雨天气现象出现。其最大垂直风速环绕在圆柱的边界上

强烈龙卷风

向轴心慢慢递减，而不是在轴心上，这是不同于微弱龙卷风的。

剧烈龙卷风：剧烈龙卷风中心有一个类似于台风眼的明显环形平静区域，核心内部气压很强。当龙卷风的风眼经过某一地区时，周围空气为了适应压力的突然改变会产生快速的下沉气流。在龙卷风内，地面的气流是向外辐散的，它在地面碰到向内辐合到中心的气流，二者结合而又转向，变成向上的类似微弱龙卷风的上升气流且环绕在龙卷风眼旁。由于气流会向各个方向移动，所以一般会出现好几个漏斗云，它们也都环绕着龙卷风眼旋转。

（3）按形状和形态分类。

龙卷风按形状可分为浓密状龙卷风、松散状龙卷风和派生龙卷风三类。其中浓密状龙卷风的底部轮廓鲜明、稳定、浓密，并有一个垂直向下的细长管子。根据这种浓密龙卷风的长度和宽度的不同，又可分为两大类：一是漏斗、柱状或树干状；二是蛇形状、绳状或鞭子状。松散状龙卷风则是形状松散、轮廓模糊不清的。派生龙卷风，就是顾名思义，在龙卷风周围又派生出来的各式小的龙卷风。

此外，按龙卷风发生时的形态可将其分为上升龙卷风和下曳龙卷风。上升龙卷风也可称为吸进型龙卷风，是龙卷风中上升的气流，宛如吸尘器一般，强力吸入地面上所接触到的各种物体。下曳龙卷风是积雨云与中心之间的气压差距递增，造成气流向下曳出，也可以称为喷出型龙卷风。

8. 龙卷风的结构

强大的龙卷风，好似一条巨龙叱咤而来，无坚不摧，将地面上的东西卷入空中。但我们很难想到，龙卷风的结构简单的就如同我们用吸管喝饮料。

想一想，为什么我们用吸管喝饮料的时候液体能够向上流呢？这是因为，在饮料罐或者玻璃杯这样的容器里，饮料表面各个部分所承受空气施加的压力是一样的。吮吸时一部

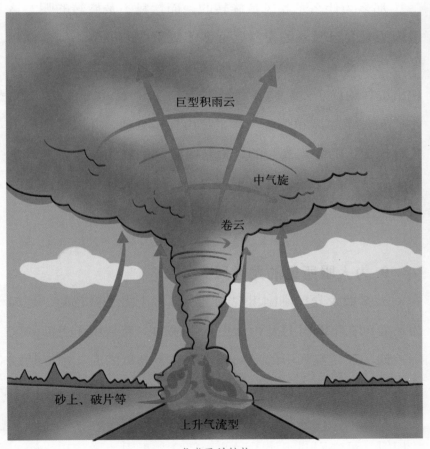

巨型积雨云

中气旋

卷云

砂上、破片等

上升气流型

龙卷风的结构

分空气被从吸管中吸走，那么空气对于此处饮料的压力就会小于其他部分，也就是说，吸管底部作用于饮料的压力随气压下降而减小了，这样一来，饮料便升上去了。简单的说，液体从压力相对较高的地方流向了压力较低的地方，这个压力较低的地方就是我们的嘴里。我们吸的越用力，嘴里的压力也就越小，饮料流向嘴里的速度就会越快。其中饮料的流速取决于吸管底部与周围气压差异的大小。

那么为什么龙卷风是旋转的，而饮料不是旋转的呢？这是因为龙卷风吸入的空气远远多于吸管中的液体，倘若你用龙卷风直径那么大的吸管来喝饮料，饮料自然也会清楚地呈现出旋转的样子。

虽然龙卷风和吸管一样，是由气压驱动，并以同理的方式将地面上的碎屑卷起的，但是吸管的长度无法与龙卷从上到下的距离相比较，这点不容忽视，因为大气压力随高度的增加而递减。

9. 为人眼所见的龙卷风

大多数龙卷风刚刚出现时之所以看上去是白色的，是因为龙卷风在下降时只是由湿空气组成的，而且由于里面的气压较低，致使空气中的一部分水汽在龙卷风的漏斗中凝结成小水滴，其数量的多少则要看空气中所含水汽的比重，因为空气中的水汽含量并不是固定的。虽然这些水滴与小云滴非常相似，可它们并不属于云的一部分。正因为这些小水滴，

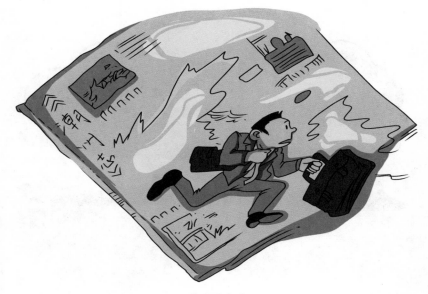

龙卷风来袭

使龙卷风的漏斗不但能够为人眼所见，而且大多数还呈现出白色。

另外，风暴云之所以呈黑色，仅仅是因为其里面所含的微滴太多了，微滴本身并非黑色，但众多的微滴如铜墙铁壁般挡住了阳光，所以才使得天空变得阴暗。

上面我们提到，大多数龙卷风看上去呈白色，那么也就是说还有一部分龙卷风看上去并不呈现出明显的白色轮廓，这是什么原因呢？这是因为下降时空气中的水分较少，那么凝结成的水滴密度也会因此较低，所以漏斗看起来就会有些模糊，甚至完全看不见。但这也只是一部分情况而已，许多时候，龙卷风虽然水分低，却也因为在旋转过程中卷起大量的尘埃和碎屑而显现出来，当你看到远处黑暗的风暴云和地

龙卷风的外观更像膨胀的云

面上出现尘云时，就该知道龙卷风将要袭来了。虽然这只是龙卷风形成的过程，不一定最终形成龙卷风，但即使这场龙卷风夭折，也会有另一场即将出现在不远处。

最终形成的龙卷风，漏斗及其颜色会开始发生变化。这是因为地面的尘埃、泥土及其他一些松散物质被卷入其中，并随着上升气流一起旋转上升。最后，尘埃和碎屑将漏斗包裹成云，故而使得漏斗变成了褐色或灰色，且清晰可辨。完全形成后的龙卷风虽然仍然可能会保持漏斗的形状，但包围着它的尘云也许会使它的外观看起来更像膨胀的云，是发生很大的改变。

龙卷风漏斗看上去并不是笔直的，而实际上漏斗在形成过程中却大致沿垂直方向下降。但这种直线运动保持不了多久，很快就会发生变化。巨大的漏斗在蜿蜒前进的同时不断地卷起物体，这些物体随之前行，有的就被带到了另一个地方。

10. 抽吸性涡旋

在龙卷风主体周围，尤其是底部的尘云里面，经常隐藏着一些较小的涡旋，它们被称为抽吸性涡旋。有时受它们的影响，龙卷风会变得喜怒无常。

那么这些涡旋是怎样形成的呢？

龙卷风移动时，空气飞速进入上升的气流，首先要越过起伏不平的地面，在这期间，建筑、树木等都会和它们产生作用或者反作用力，一部分被风摧毁，但同时也削减了风的

抽吸型龙卷风

能量，风的走向也会因此而发生变化，一阵阵的、猛烈的、不同走向的风不停地转换着方向，导致龙卷风周围的空气狂暴汹涌。此时的空气湍流就如同我们手指在水中拖动产生旋涡一样形成一个个旋涡，越靠近涡旋速度就会越快，而且它们沿任意方向旋转。也有一些是和龙卷风一样呈逆时针方向旋转的。每个旋涡都有它们自己的旋转速度，但也不是完全孤立的，因为它们也同时具有母龙卷主体中气旋的角速度，并随龙卷风一起向前运动，具备了这些条件的旋涡，速度往往要比龙卷风的速度快。

　　抽吸性涡旋就是它们其中的一员，很小，有的还不超过3米，它会袭击房屋，但因为它太小了，所以只会使房屋的一部分受损。抽吸性涡旋的生命极其短暂，平均持续时间不超过3分钟。它们围绕着母龙卷风作逆时针运动，很少能绕母龙

龙卷风

卷一周，又因为距离母龙卷风太近，隐藏在尘云里，而很少为人们所见。

11. 龙卷风的分布

只要存在产生龙卷风的必要条件，任何地方都有产生龙卷风的可能。但是受自然条件的影响，龙卷风也有其多发地带，如南北半球中纬20度～50度的地区。美国是龙卷风出现最多的国家，一年平均出现1000多次。英国、新西兰、意大利、日本、澳大利亚等国次之。1989年4月26日发生在孟加拉的一次龙卷风，是20世纪以来死亡人数最多的一次，20个村落遭到损害，3万多人的家园被摧毁，死亡人数约有1300人，受伤人数达到1.2万人，近3万人流离失所。1925年3月18日的龙卷风则是行程最远的一次，它持续了3小时16分钟，穿过美国三个州，行程354千米，造成747人死亡，2027人受伤，财产损失达4000多万美元。2012年4月27日，美国南部地区7个州遭到龙卷风与强风暴袭击。根据美国救援部门于4月30日公布的数据显示，确认死亡350人，数千人受伤，其中亚拉巴马州死亡249人。这是美国自1925年以来致死人数最多的一场龙卷风。据估计，大约1万座房屋遭摧毁，财产损失严重。据灾难评估企业预计，龙卷风造成的财产损失达20亿美元至50亿美元。

（1）龙卷风在美洲。

北美大平原地区有着最有利于的生成龙卷风的自然条件

风暴防范百科

和环境。据统计，世界上有75%的龙卷风发生在美国，另有5%发生在加拿大。

美国是世界上遭遇龙卷风最多的国家，被称为世界的"龙卷风之乡"。美国的俄克拉何马城被称为世界的"龙卷风之都"。

美国地形和气候有利于龙卷风的形成，美国东邻大西洋，西靠太平洋，南面是墨西哥湾，长期有大量的水汽从东、西、南方向流向美国大陆，形成一个大气活动复杂的碗形地区，也被称为"龙卷风通道"。在这里，对流层低层常有来自墨西哥湾大量的暖湿空气，而中高层有翻越落基山脉的冷空气叠置于前者之上，形成了上冷下暖的热力结构，低层逆温层的阻挡使不稳定能量进一步积累，一旦受触发或抬升，特别是在高低空强垂直切变风场环境下，很有可能导致强对流天气爆发。美国龙卷风最多的是中西部地区，其中一半多发生在春季（4~6月份），7月份以后明显减少，11月份不常发生严重龙卷风。但是在年终也曾发生过，如2000年12月16日美国阿拉巴马州的一次龙卷风造成4万多户家庭的供电中断。

美国龙卷风的数量分布并不均匀。如1963年，一年发生了463次龙卷风，算是比较少的一年；而在1992年，龙卷风的数量则高达1297次；甚至在1998年，发生的龙卷风达1424次之多，几乎达到每天4次的频率。一般每年的4~6月份是美国所有州的龙卷风的高发时期，严重时一天连续几次龙卷风。例如，1991年5月共有龙卷风335次——平均每天超过10次；1992年6月共有龙卷风399次——平均每天13次，这也成为20世纪发生龙卷风数量最多的月份。

21世纪以来，龙卷风在美国也时有发生。如：2002年11月11~12日出现了66次龙卷风，12天以后再次出现了24次龙卷风。2008年2月5~6日，美国7个州同时有近70股龙卷风夹着雷暴出现，造成至少55人死亡，数百人受伤。同年3月14日晚，美国亚特兰大市遭遇强龙卷风，市内的美国有线电视新闻网（CNN）办公大楼也遭到严重破坏，大楼内部满是碎玻璃；州穹顶体育场顶棚遭到损毁，正在举行的篮球赛被迫中断一小时，造成2人死亡，至少27人受伤；奥运百年纪念公园、菲利普球场等都被损坏。4月28日，美国弗吉尼亚州南部遭遇3次龙卷风袭击，造成200多人受伤；龙卷风对地面建筑造成严重损坏，所经地区一片狼藉：车辆被掀翻，铁皮屋顶被吹走，古董店二楼被刮走。龙卷风过后，该州州长立即宣布受灾地区进入紧急状态。5月25日，美国中西部地区出现多起龙卷风和雷暴，仅在艾奥瓦州一州就造成至少7人死亡，50多人受伤。截至5月底，美国在2008年已经发生了1190多次龙卷风，其中最严重的30次龙卷风至少造成110人死亡。2013年5月，多股龙卷风横扫美国俄克拉何马市和周边城镇，造成91人死亡，其中包括20名孩子。

龙卷风在美洲的其他国家也有发生。1973年，在阿根廷的圣胡斯托，仅仅3秒钟的一次较弱的龙卷风，就造成了60人死亡，300多人受伤。1984年10月9日，龙卷风袭击了巴西的马尔维亚，约有10人因此而丧生。1987年7月31日，发生在加拿大阿尔伯达省埃德蒙顿的5次龙卷风袭击了一个拖车式活动房屋停车场以及附近的一个工业中心。2000年7月4日，袭击了加拿大阿尔伯塔省松叶湖的一场"杀人龙卷风"曾导致11人死亡。

（2）龙卷风在欧洲。

龙卷风在欧洲远没有在美国那样频繁，且性质较温和。据统计，英国每年有30～60次龙卷风。意大利历时25年的追踪研究统计，该国平均每年发生10次龙卷风。在一年中的任何时间，欧洲都有可能发生龙卷风。一些最猛烈的龙卷风也会出现在冬季，完全没有规律可循。

在英国，可能导致龙卷风的天气条件平均每年出现15

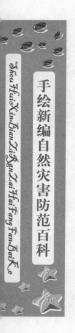

天。在这15天，龙卷风只是可能会形成，并非一定会形成，也有可能发生龙卷风爆发现象。1981年11月23日，一次与低压同时到来的强冷锋用了6小时的时间经过英国，给英格兰和威尔士带来105次龙卷风。1981年，英国经历了152次龙卷风，而在1989年，只有11次龙卷风发生。英国记载的第一次龙卷风，也是最猛烈的龙卷风之一，发生在1091年10月23日，袭击了伦敦的弓街，摧毁了几座房屋和教堂。1233年6月，两次水龙卷在英格兰南部海面出现，这是整个欧洲有记录的最早的水龙卷。

（3）龙卷风在非洲。

龙卷风在非洲较为罕见，发生次数不多，但常出现飑（拼音：biāo）线、尘暴和旋风。1977年5月20日，发生在乍得蒙杜的一次龙卷风，造成13人死亡，100人受伤。

在撒哈拉沙漠以南的西非国家，有一种类似"龙卷风"的飑线，会导致强雷暴。飑在气象学上指风向突然改变，风速急剧增大的天气现象。当地人称这种飑为"龙卷风"。飑是一种突然发生的持续时间短促的强风现象，同时伴随有排列成带状的雷暴群，形成一条强烈的对流天气带，成为飑线。在更加干旱的地区，尘暴很普遍。哈布尘暴是规模最大的尘暴，是由一种旋风造成的。它们卷着大量尘埃，所向披靡，但相较于完全形成的龙卷风要温和。

（4）龙卷风在亚洲。

龙卷风在亚洲多有发生。春季和秋季是气旋季节，这

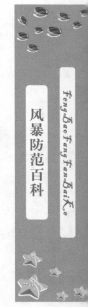

风暴防范百科

Feng Bao Fang Fan Bai Ke

时濒临孟加拉湾的孟加拉国以及印度的西孟加拉邦和奥里萨邦与美国的龙卷通道一样危险。1888年4月7日，发生在孟加拉国达卡西侧的一次强龙卷风，造成188人死亡，约1200人受伤。1978年4月，印度的奥里萨邦遭遇龙卷风，近500人死亡，1000多人受伤。之后不久，西孟加拉邦发生龙卷风，造成100人死亡。1981年4月12日，龙卷风再度出现在奥里萨邦，4个村子遭破坏，120多人死亡，数百人受伤。最为惨烈的一次发生在1989年4月26日，龙卷风袭击了20个村子，导致1300多人死亡，12000多人受伤，近3万人流离失所。1993年4月9日，龙卷风又一次光临西孟加拉邦，5个村子被摧毁，致使100人死亡。2007年11月，热带风暴"锡德"在孟加拉国登陆，造成4400人死亡。2008年5月，热带风暴"纳尔吉斯"袭击缅甸，估计有数万人死亡。

（5）龙卷风在我国。

我国位于世界上最大的季风区，空气条件不同于北美，没有明显的上干冷、下暖湿的结构，逆温层（"盖子"）也很少见，高低空垂直风切变也不是很强。我国夏季多暴雨，湿层深厚，低空急流常导致辐合上升，所以出现大范围龙卷风的概率较小。但一些中小规模的龙卷风时有发生，主要分布在华东地区的山东、江苏、安徽、上海、浙江和中南地区的湖北、广东等省市。南海和台湾周边海域常常出现水龙卷。2007年7月29日上午，台湾台东县兰屿海域出现了一次水龙卷，气旋不断上吸海水，海面上形成大片水花。水柱向陆

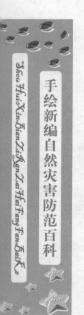

龙卷风在我国

地方向移动后在山头消失。此次水龙卷持续了8分钟，没有造成伤害。2008年5月6日下午，发生在广东雷州市一次龙卷风袭击，造成160多人受伤，70多间民居屋顶被损坏。一位农妇被卷起4米多高，2吨重的拖拉机被卷离原地10多米。2013年3月18日～20日，湖南、广东、福建等地遭受龙卷风、暴雨和冰雹袭击，致使20余人死亡，数百人受伤。

我国北方地区也出现过龙卷风。如1987年7月31日，黑龙江省的一次龙卷风，破坏范围很大，波及14座城市，至少16人死亡，400多人受伤。2008年5月23日晚，黑龙江省哈尔滨五常市部分乡镇遭受龙卷风、冰雹袭击，造成一人死亡，36人受伤（其中重伤16人）。2006年1月5日，西安在入冬后出现了一股龙卷风，一个烟囱排放的蒸汽盘旋着冲入空中，来势汹汹的黑云团，气势非常壮观。2007年8月8日，吉林

龙卷风在我国

伊通县遭受龙卷风袭击，死亡2人，受伤68人，房屋倒塌近600间。

我国出现龙卷风的相对次数虽少，但都集中发生在某些局部地区，造成的破坏仍是很严重的。

2007年7月3日下午，在安徽天长和江苏高邮部分地区出现了一次罕见的龙卷风袭击，两地共有14人死亡，110人受伤，数千间房屋倒塌，500多人被紧急疏散。同年9月6日傍晚，江苏高邮市西部高邮湖心，龙卷风引发了罕见的千米高黑色"龙吸水"现象。发生龙卷风时，高邮湖上船只不多，而且基本上都在岸边活动，所以没有造成明显事故。

2006年8月2～5日，受当年6号台风"派比安"影响，我国佛山市遭遇大暴雨、局部特大暴雨的降水过程，多地遭多股威力超强的龙卷风袭击，导致10人死亡，172人受伤，损失严重。2007年6月9日，龙卷风席卷佛山狮山镇，造成3人死亡，2人重伤。2011年5月7日，佛山南海区遭遇强雷雨和龙卷风袭击，造成4人死亡，17人受伤，比照美国龙卷风强度标准，达到F2级，属较严重破坏程度。

21世纪以来，高邮几乎每年夏天都有龙卷风光临，于是有人把高邮称作是中国的"龙卷风之乡"。专家分析，高邮多发龙卷风主要是受高邮湖周边的地形以及东路冷空气影响。

我国出现龙卷风的季节多集中在5～9月份，出现的时间一般是在午后到傍晚。我国龙卷风发生最多的地区在长江三角洲，主要是由于地理和气候条件的原因形成的，"三角洲"地区的龙卷风灾情在国内也是最严重的。上海地处"长三角"东端，在历史上是龙卷风频发地区。

专家统计，1951～1982年，我国台湾共发生47次龙卷风，分为飑线龙卷风、台风龙卷风和暖区龙卷风。1971年4月2日14时，台湾大部地区出现的飑线龙卷风，使香蕉树倒折近半。1977年7月25日9时，"塞洛玛"台风在高雄市登陆，台风右前方出现台风龙卷风，使高压电塔被吹折，高雄港的起重机被毁坏。

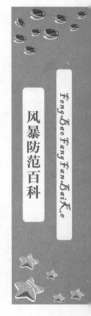

12. 龙卷风的危害

人们形容龙卷风是"上帝的愤怒"，龙卷风的破坏力惊人，具体表现如下：

龙卷风的破坏力惊人

　　龙卷风有可能吹倒建筑物、高空设施，造成人员伤亡。如各类危旧住房、厂房、工棚、路灯、广告牌、铁塔等的倒塌。

　　龙卷风会吹落高空物品，很容易造成砸死砸伤事故。如阳台的花盆、雨篷、太阳能热水器、空调室外机、各种屋顶杂物，以及建筑工地上高处散放的重物、工具、建筑材料等。

　　强风容易造成其他引发人员伤亡的情况。如强风吹碎门窗玻璃、幕墙玻璃等，玻璃飞溅造成人员死伤；行人在高处或桥上、水边被吹倒或吹落，被摔死、摔伤或溺水；公路上行驶的车辆，特别是在高速公路上的高速驾驶的车辆被吹翻等造成人员伤亡。

　　气象预报只能对龙卷风的来临发布警报，对其猛烈程度还不能作出准确预测，只能根据各种天气状况猜测龙卷风的发生机率。藤田龙卷风强度等级是将龙卷风按其速度以及所造成的破坏程度分成的等级，这种方法，只能做事后评估，然后判断出它们的等级。所以，在龙卷风真正到来之前，没有人能预料到它们究竟会拔起多少大树，掀起多少屋顶，是否会将坚固的房屋夷为平地，把汽车像玩具一样抛到远处。

造成危害与破坏的主要原因是龙卷风的风力能量、造成飞旋的外物碎屑和极低的中心气压形成的强大吸力。

龙卷风的危害

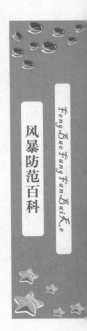

龙卷风的风速大约为100米/秒，最高可达200米/秒。如果龙卷风只是猛烈地冲击房屋的一侧，该侧所要承受的力量大约为10吨。这样巨大的力量首先将房屋的这一侧击得粉碎，由此形成一个使风的通路加宽的缺口。但是龙卷风不会仅仅攻击房屋的一侧，它会旋转着各方用力，在移动过程中不断地变换方向。这样一来，房屋可能会同时遭受来自各方的风力猛烈冲击，于是瞬间粉身碎骨也就不足为奇了。

龙卷风中飞旋的碎屑对物体造成的破坏不亚于直接的风力攻击，大多数的伤害都是由此产生的。龙卷风的漏斗本身很狭窄，但围绕龙卷风核心旋转的风力巨大，足以使其所到之处遇到的一切都被破坏，从而形成大量大小不同的固体碎片。它们一开始在涡旋周围转动，在不稳定产生后，即碎片的动量超过向心力，碎片会飞散出漏斗外，每一片都沿涡旋的切线做直线运动，像许许多多高速飞出的子弹一样。碎屑通常很小，但在高速运动下，能量巨大，破坏力惊人，比大

一根松树棍穿透一块一厘米厚的钢板

的物体危险得多。龙卷风过后，可能给我们留下这样一幅场景：一根松树棍穿透一块一厘米厚的钢板；一根细草茎刺穿一块厚木板；一张扑克牌竟像被锤子钉过的钉子一样，被深深地嵌入木头中。

　　龙卷风内部的空气很稀薄，压力很低，使得龙卷风像一只巨大的吸尘器，把行进路线中的一切都吸到它的"漏斗"里，直到风势减弱变小或随龙卷风内的下沉气流下沉时，再把吸来的东西抛下来。当它经过门窗紧闭的房屋附近时，使

房屋产生内大外小极为悬殊的气压差，房屋的屋顶和四壁受到由里向外的巨大作用力。这种突然施加的内力就像从房子里面有一颗大炸弹引发了一场大爆炸一样，把屋顶掀掉，四壁塌陷。

龙卷风的预报技术在不断提高，我们也更多地掌握了龙卷风发生时期如何有效地避灾防灾的知识，这使得我们所受的风灾伤害较之以前大大减少，但是因为龙卷风的不可预测及其突发性、巨大能量造成的严重破坏仍使受伤人数和财产损失居高不下。在美国，龙卷风造成的财产损失仍然呈现逐年上升的趋势，其每年造成的死亡人数仅次于雷电。

1999年5月27日，美国德克萨斯州中部的4个县市遭受特大龙卷风袭击，造成至少32人死亡，数十人受伤。距此40英里以外的贾雷尔镇，30多人丧生，50多所房屋倒塌。破坏范

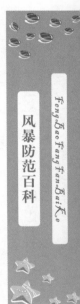

购物中心的屋顶被整个掀开

围长达1600米，宽183米。同年5月13日迈阿密市发生过一次龙卷风袭击。

2008年2月5日深夜到6日凌晨，短短几个小时内，美国南部多个州同时受到近70股龙卷风夹着雷暴袭击，造成至少55人死亡，数百人受伤，这是美国近年内最为严重的一次龙卷风。遭遇袭击的地区包括田纳西州、肯塔基州、阿肯色州和密西西比州等。暴风雨来势迅猛，狂风肆虐，购物中心的屋顶被整个掀开，仓库被撕裂捣碎，校园的宿舍楼被推到。

国际学者将破坏力最强的顶级龙卷风形象地称为"上帝之指"，比喻只有上帝用手指搅动世间，才能产生如此强悍的力量。2007年7月3日16时57分，我国安徽东部一个小城也出现过一次"上帝之指"的搅动，20分钟之后，出现一条宽约200米、长20千米的"人间地狱"。此次龙卷风造成7人死亡，98人受伤。还导致700多间房屋倒塌，电力、通信、水利设施全部中断，农田严重受损，直接经济损失达3000余万元。同年8月18日夜，受台风"圣帕"外围影响，我国浙江省温州市苍南县龙港镇长8000米、宽800米范围内遭遇龙卷风袭击，造成11人死亡，60余人受伤，156间房屋倒塌。

温室效应

龙卷风的袭击迅速而猛烈，在地面上产生最强势的风力破坏。它对建筑的破坏经常是毁灭性的。在强龙卷风的袭击下，房子屋顶会像风筝般飘飞在空中。一旦屋顶被卷走，房子的其他部分也会随之分崩离析。因此，建筑房屋时，加强房顶的稳固性，有助于防止龙卷风过境时造成巨大损失。

13. 气候变化和龙卷风的关系

气候在不断地变化已经不再是一个新鲜的话题。那么气候的变化是否会对龙卷风发生的频率产生影响呢？

有些科学家认为，由于大气中的二氧化碳和其他一些能够吸收热量的气体越来越多而形成的"温室效应"加剧，会造成全球气候变暖。然后更高的温度会加速蒸发，给空气中带来更多的水分。由于驱动超级单体风暴的能量来自于因强对流上升的空气中的水汽凝结，所以更加湿润的空气可能会使强风暴变得更为频繁，其中有一些将是龙卷风性的，所以，龙卷风的发生频率将会增加。

另一些科学家则不同意以上论断，认为这种观点太过简单。他们认为龙卷风暴的形成还需要高层大气中有强烈的风切变，而风切变在大多数情况下是急流引起的。极锋两侧极地气团和热带气团之间的巨大温差形成急流，而猛烈的急流可能会导致更多的龙卷风。

科学家预测，全球变暖一般出现在高纬度地区。热带和赤道地区温度上升幅度较小，这两地的温差也将减小。因

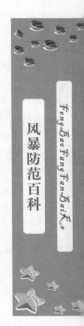

风暴防范百科

此，因温差而形成的急流可能会变弱，由此推断中纬度风暴将显著减少，造成龙卷风发生频率减小。

到底哪一种观点是正确的呢？目前还没有证据可以证明，只能期待科学家们进行更深入的研究。

14. 龙卷风造成的奇怪现象

龙卷风的强大吸卷力，常把海中的鱼类、粮仓里的粮食、地上的金属片等吸卷到高空，然后再随暴雨降落到地面，于是就会出现"豆雨""鱼雨""谷雨""血雨"甚至"钱雨"等奇异的现象发生。

1925年3月18日，袭击美国三州的龙卷风经过密西西比河的时候，龙卷风造成的风带分开了这条河流。随后就在伊利诺伊州的河岸下起了一场"鱼雨"。

1980年7月，中国上海市奉贤桥头乡，正在耕作的一位老农被龙卷风吸上空中，幸运的是在不久后安全着地。

2000年7月13日午饭后，龙卷风出现时，中国江苏省高邮市甘垛镇启南村村民王凤珍正在田里除草，突然风雨交加、天昏地暗，她来不及躲避，被一股力量带上约30米的高空，惊吓之中，她紧闭着双眼仍蜷曲成一团，据她说，当时她感觉到了云里雾里似的，人没有了重量。不一会儿，她感到围绕在身边的风势的紧迫感没有了，而肩头疼痛，这时她发现自己已经被吹落在距自家农田300多米以外的水田里。等她赶回家，看到许多人家倒塌的房屋，周围是四邻的哭救声。

水龙卷

2004年7月14日16时左右，中国江苏省昆山市阳澄湖出现20分钟的水龙卷，直径约30米，龙卷把湖面的杂物卷起向东南移动，形成非常壮观的场面。

2007年9月6日傍晚，中国江苏省高邮市西部高邮湖湖心出现数十年罕见的场景，龙卷风引发高达千米、水天相接的黑色水柱（俗称"龙吸水"），湖面水位顿时明显下降了好几厘米！"龙吸水"持续约10分钟，之后大雨倾盆，天地间混沌一片。有目击者形容，当日风和日丽，湖上也是风平浪静。可到了下午5点30分，没有任何预兆的狂风突至，天空随即乌云密布，几分钟之后下起雨来，这时湖面西北角出现了两条因为大风而形成的水带。一分钟后，两条水带已经合二为一，成为一条更为巨大的"黑龙"，在湖面缓慢地"盘旋"，巨大的水柱呈"S"形，接近水面的部分成一朵爆炸状

风暴防范百科

FengBaoFangFanBaiKe

的巨型"蘑菇云",而水柱就像漏斗一样中间窄上边宽,10分钟后,"黑龙"消失,暴雨倾盆而至,天空灰暗,天地间混沌一片。专家推测,此次龙卷风之所以呈黑色,可能是因为龙卷风搅动并卷起了大量的湖底泥沙。

龙卷风并不完全残忍恐怖,在美国就曾发生过奇迹。2007年10月18日晚至19日早晨,美国中西部的几个州突遭暴风雨和龙卷风袭击,房倒屋塌,大树被连根拔起,造成至少6人死亡。在密歇根州米灵顿镇,龙卷风在摧毁一座房屋时,屋内一名1岁大的婴儿却能幸免于难,在被卷到10多米高的空中以后还能在房屋废墟中安全落地,婴儿除了一些擦伤外并无大碍。

几个月后,相同的奇迹再次出现。2008年2月5日深夜至6日凌晨,美国南方多个州遭受了近23年内最为严重的龙卷风袭击,但就在受灾最严重的田纳西州,一名11个月大的男婴被吹到距寓所90米外,竟然毫无明显创伤。他当时穿着T恤、尿布,静静地躺在草长及膝的荒野,被碎片与杂物包围着。发现他的救援员开始还以为他是塑料娃娃,他被人抱起后用哭声证明自己还活着。

龙卷风不只给人类带来巨大的毁灭性灾难,偶尔也会有一些奇妙的事情发生。例如,龙卷风席卷一切的同时,有时在龙卷风中心范围内的东西却丝毫无损,类似台风风眼内的功效。在北美,当龙卷风过后,常常还可以看到一只完好的被拔光了羽毛的活鸡,有时还有只被拔去了一侧的鸡毛,而另一侧却完好无损的鸡。这些龙卷风所带来的各种奇异现象，还需要科学家们的进一步研究探索，作出科学的解释。

15. 人造龙卷风发电

龙卷风体积巨大，其直径一般在几米到几百米之间，持续时间短，仅为几分钟到几十分钟，但是龙卷风内部风速极快，存在巨大能量，因此有些科学家设想是否可以用人造龙卷风进行发电。

科学家根据龙卷风的形成原理研制了龙卷风发电模型。具体操作为：先建一个塔型建筑，在其四周用条板间隔成方格形小窗，打开朝风小窗，关闭背风小窗，于是，风吹进

人造龙卷风发电模型

塔后开始旋转，形成小龙卷风。在塔底装上螺旋形的风转叶轮。人造小龙卷风会把塔底空气抽离吸入塔内，带动叶轮转动，这时发电机就开始发电。

也有科学家研究用太阳能制造龙卷风发电。他们建造了一座面积很大的塑料膜棚顶的透明圆形大棚，棚顶呈蒙古包状，和中心烟筒状塔相连接。当棚内空气被太阳加热后，会流向筒状高塔，气流迅速带动塔内叶轮而发电，每小时发电功率可达70万～100万千瓦。

在许多新设计中，最有前途的是旋风型风力涡轮。这个设计的主要特点是：风吹入直立的圆筒，在它的内部旋转，形成旋涡，这时旋涡的中心呈真空状态，迫使大量高速运动的风不断地吹过涡轮叶片，利用叶片的快速转动发电。

还有一种利用人造龙卷风发电的新思路。海洋上空面积广阔，在太阳的光照下，上升热空气，下沉冷空气，会形成一种垂直方向的风。科学家为了让这种风飘浮在海洋上空而设计了一种巨大的筒状物，并且用人工方式引导气流在筒内的上升下降，从而驱动涡轮机进行风力发电。

用人造龙卷风发电有很多优点，如清洁、环保、储量大等，还有可能部分解决能源短缺和因石化性能源引起的环境污染两大世界难题。但是因为存在一些技术难点和工程化的问题，这种技术成果不能得到广泛的推广和应用，不过，相信在不远的将来，这种技术成果能够被科学家们研究出来。

（四）沙尘暴

1. 沙尘暴概述

沙尘暴也是风灾的一种，近年来我们不但越来越多地听到这个名字，也感受到了它的威力。它如同一头伺机扑食的猛兽，来临时总是轻轻地，如静风或者小风，使人毫无察觉，可是忽然，好似就在一瞬间，它便转成为10米/秒以上的大风，并且在狂风突起的同时，沙石进飞，使水平能见度

沙尘暴

急剧减小，这头"猛兽"往往给人们的生命财产造成重大损失，并且对于交通、建筑设施、工农业生产和生态环境等方面的影响也极为严重。例如，民航客运停飞，火车、汽车晚点，工厂农业停工停产等。再者伴随沙尘暴而来的大风本身破坏力也极为强大，会导致建筑、公用设施、电力工程的毁损等。

2. 沙尘暴的形成

沙尘天气的形成有三个要素，一是地表有丰富的沙尘源，一旦有风吹，便能卷起沙尘；二是气温回升速度过快，导致地表温度过高，因此高空一旦有冷空气经过，便可与地面形成冷热对流，从而将地面的沙尘带入高空；三是强劲的风力过程，这是将我国西北的沙尘吹入东部地区的搬运动力。

沙尘天气分为扬沙、沙尘暴、浮尘三类，是天、地、人共同运动的产物。在北方，沙尘天气出现的季节一般都在春季。扬沙指的是地面沙尘被风吹起后致使空气相当浑浊，且水平能见度在1～10千米以内的灾害天气；沙尘暴指的是地面尘沙被强风吹起后致使空气相当混浊，且水平能见度在1000

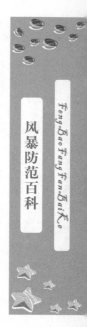

沙尘天气

米以内的灾害天气；浮尘指的是由于本地或远处在经历扬沙或沙尘暴后，使得沙或土壤粒子悬浮在大气中，且水平能见度在10千米以内的灾害天气。扬沙与沙尘暴的共同特点是能见度明显下降，它们的形成都是因为本地或者是附近的尘沙被风吹起而造成的，当它们出现时，人们就会看见天空浑浊一片，成为黄色的天地。在北京，气象部门如遇有沙尘天气且能见度在500米以内时，就会发布沙尘暴警报。

其中，沙尘暴天气是在特定的下垫面和地理环境条件下，由特定的大尺度环流背景与不同尺度的各种天气系统叠加在一起，诱发产生的一种小概率、大危害的灾害性天气。它是风与沙相互作用的结果，它的形成受多种因素的影响，如森林锐减、植被破坏、物种灭绝、气候异常、地球温室效应、厄尔尼诺现象等，但绝对是以荒漠化为基础，气象因子为条件的。如果出现沙尘暴天气，除了会造成直接的损失和危害外，还由于它能影响大气能见度、气候学效应、大

沙尘天气

气光学特性、地气辐射平衡等，从而对自然生态环境产生的破坏也是很严重的，所以，沙尘暴已经成为一种不可忽视的气候和生态环境问题。

沙尘暴过于频繁、规模过于庞大的主要原因是人口膨胀导致的过量砍伐森林、过度开垦土地、过度开发自然资源。经过多年的观察研究，我国专家根据沙尘天气的形成规律，现在已经确定了我国沙尘天气的四大策源地：甘肃河西走廊及内蒙古阿拉善盟；内蒙古阴山北坡及浑善达克沙地毗邻地区；新疆塔克拉玛干沙漠周边地区；蒙陕宁长城沿线。其中，甘肃河西走廊和内蒙古阿拉善盟发生的沙尘天气除了危害周边地区外，还能影响东北、华北，甚至黄河、长江中下游地区，是强度最大的沙尘暴策源地。

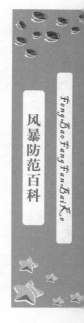

风暴防范百科
Feng Bao Fang Fan Bai Ke

3. 沙尘暴形成的基本条件

沙尘暴的形成，有三个基本条件：一是地面有丰富的沙尘。一旦有风吹过，便有沙尘被卷起来，这是形成沙尘暴的物质基础；二是强劲的风力。它能将沙尘吹到空中，是沙尘暴形成的动力条件；三是大气层结状态不稳定。过于快速的气温回升速度，使地表的温度过高，因此，高空一旦经过冷空气，就可以和地面形成冷热对流，把地面上的沙尘带到高空中去，这是重要的局地热力条件。

（1）丰富的地表沙尘。

沙尘暴形成的物质基础是丰富的沙尘源。从我国北方地

丰富的地表沉沙

区沙尘源的形成来看，可分为两类：一是自然形成的第四纪沉积、堆积物，它包括黄土、湖积物、风成沙、沙砾戈壁、风蚀劣地、沙质黏土、第三纪红色沙岩、现代流水冲积物等；二是人类生产活动形成的堆积物。它包括炉灰、废弃物、尾矿砂等堆积物和开垦后的裸地等。

上述沙尘源，为强沙尘暴的形成提供了丰富的物质基础，它们有着广阔的面积，不仅在大风时扬沙，而且还大量扬尘。此外，北方地区在春季时气温开始回升，大地解冻，此时干旱少雨，地表干燥松软，不论是耕地还是荒漠草原，都没有植被覆盖，也是含尘量丰富的沙尘源之一。

近年来，由于气候干暖化和人为活动强度的加大，荒漠化扩展不断加剧，进一步扩大了沙尘源。

（2）大风。

从天气学角度来说，大风的形成受两个因素影响：一是冷锋过境。即强冷空气入侵，穿越锋面的次级环流能够促使锋前强烈上升、锋后动量下传，激发中尺度系统的产生，因此，会导致强变压梯度，产生变压风，近地面大风形成的主要因素就在于此；二是梯度风的形成。它是冷锋前地面热低压发展使锋区气压梯度增大而造成的。地面大风是以足够强

手绘新编自然灾害防范百科

的冷空气为基础，
形成强的气压梯度
和变压梯度，暖空
气被冷空气推动，
加速运动而形成。
因此，只有冷空气
强度比形成一般大

大风

风的冷空气强度更强，才能形成沙尘暴。

造成荒漠化和沙漠移动扩张的重要原因是风力强度大、风的发生频率高。沙区的大风日数、扬沙及沙尘暴日数相对要多，平均风速也要大，以我国沙区来说，其年大风发生日数在25～75天之间，沙尘暴发生日数在5～30天之间，年平均风速为2～4米/秒。

（3）不稳定的大气层结状态。

在我国北方地区，沙尘暴大多发生在春天，而且，多数出现在午后。这是因为全年中空气冷暖变化最剧烈的季节是春季，而春季的午后到傍晚前的时段又是一天中气温最高的，这时极易造成空气层结的不稳定。在一定的条件下，如果底层空气处于稳定状态，那么，即使沙尘受到某种扰动，也不会被卷扬得很高；如果低层大气处于不稳定状态，那么，沙尘在受到扰动后，将会被卷扬得很高，尤其是在沙尘源与风力都具备的情况下，大气层结是否稳定决定着沙尘暴的形成与否。

4. 沙暴与尘暴

沙尘暴指的是地面大量沙尘被强风卷入空中，致使空气特别混浊，水平能见度在1000米以内的天气现象，它融合了沙暴和尘暴。其中，沙暴指的是大量沙粒被大风吹入近地气层所形成的携沙风暴；尘暴是指大量尘埃及其他细粒物质被大风卷入高空所形成的强风暴。虽然沙暴与尘暴有一定的联系，但并不完全相同。沙暴通常会将近地气层的细沙和粉沙吹到15～30米的空中，使天空一片昏暗，水平能见度多在1～10千米以内，且风多在7级或者8级以上。沙暴一般都是就地而成的，它携带的沙物质通常都不会被搬运到很远的距离，在行到绿洲边缘或遭遇障碍物时，就会沉积下来，造成沙埋等。但是，强沙暴也可以将大量黏土粒和粉沙输送到空中，同时，尘暴的发生，大多不能造成尘霾或黑风暴的

沙尘暴

手绘新编自然灾害防范百科

Shou Hui Xin Bian Zi Ran Zai Hai Fang Fan Bai Ke

形成。通常来讲，沙暴一旦得不到沙源的补充，就会渐渐地消失掉。而尘暴则不同，尽管脱离了沙尘源地，它仍可以依靠在气流中悬浮的尘埃在高空飘移至数千千米之外，甚至更远的距离。在过境地区，尤其是其前锋一带，尘暴会有降尘现象，甚至有尘雨奇观出现。尘暴的风速大多在20米/秒以上，其风力之强劲由此可见。它的风蚀作用也极强，一旦遇到植被稀疏或裸露的沙质地表，即有就地形成强沙暴的可能。沙尘暴是沙暴与尘暴的结合体，一旦发生，就会大大地危害工农业生产和人民生命安全。

通常根据能见度和风速两个指标来对沙尘暴强度进行等级划分。比如，在印度西北部发生的沙尘暴，被分成三个等级，即能见度大于或等于500米，小于1000米；风速大于4级，小于或等于6级的称为弱沙尘暴。能见度大于或等于200米，小于500米；风速大于6级，小于或等于8级的称为中等强度的沙尘暴。当其局部区域的能见度大于50米，小于或等于200米；风速大于8级的则称为强沙尘暴。对于沙尘暴强度的定义，我国与之基本相同，唯一的区别就是在强沙尘暴的等级范畴内，又划分出了特强沙尘暴，即能见度小于或等于50米，甚至降至0米；瞬时最大风速大于或等于每秒25米时，则为特强沙尘暴，或称"黑风暴"，俗称"黑风"。

当能见度与风力不协调时，如何来确定沙尘暴强度呢？一是在能见度大、风速也大时，以能见度对应级来确定沙尘暴的强度。比如，水平能见度为100米，最大风速为30米/秒

风暴防范百科

的天气状况，就确定为强沙尘暴天气；二是当能见度小、风速也小时，其强度就以原有风速对应级为准，提升一级强度来确定。比如，水平能见度为100米，最大风速为19米／秒的天气状况，提升一级后就为强沙尘暴天气。

沙尘暴在国外其他地区的名称也不尽相同，比如，在印度的新德里，沙尘暴就被称为安德海（Andhi）；在阿拉伯和非洲地区，则被称为哈布（Haboob）；另外，还有些地区将其称为"Phantom"，即"鬼怪"之意。由此可见，沙尘暴是一种让人感到恐怖的灾害天气。

5. 世界沙尘暴的时空分布

世界上的沙尘暴一般集中在以下四个地区：北美加利福尼亚热带沙漠气候区、非洲撒哈拉热带沙漠气候区、中亚的温带沙漠气候区周围和澳大利亚中西部的热带沙漠气候区。这些地方就像沙尘暴的发源地，不仅在当地形成并发展影响其周围地区，而且沙尘还会被行星风系带到很远的地方，例如，撒哈拉沙漠的沙尘被西南风带到瑞士就形成了泥雨，中亚的沙尘也被西风带到我国境内等。

沙尘暴的发生有一定的条件，一般多发生于沙漠及附近的干旱、半干旱地区。世界上的沙尘暴多发区主要分布在：非洲撒哈拉沙漠的中非沙暴区；美国大平原、亚利桑那州西南沙漠大平原区及新墨西哥州东部；中亚部分及中国西北部的中亚沙暴区；南半球的澳大利亚等国家。

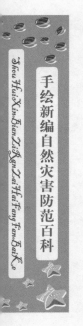

手绘新编自然灾害防范百科

沙漠

在北美洲，沙漠主要分布于美国西部和墨西哥北部。而沙尘暴则经常发生在与沙漠接壤的荒漠干旱区，甚至在大平原上也曾爆发了历史上著名的黑风暴。北美洲发生沙尘暴的主要原因是土地利用不当和天气持续干旱等。20世纪30年代，美国历史上发生了一场最严重的特大沙尘暴，也被称为黑风暴，这次沙尘暴使美国西部大平原损失肥沃土壤达3亿吨。灾难过后，几百万公顷的农田被废弃，几十万人无家可归，许多人被迫向邻近地区迁移，许多城镇变得荒无人烟。这次沙尘暴引发了美国历史上最大的一次移民潮。

北美洲

澳大利亚气候干旱，3/4的陆地面积都属于干旱和半干旱地区。发生沙尘暴最为频繁的地区是澳大利亚中部和西部海岸，每年平均有5次之多。由于许多地方气候干燥，加上过度的耕作和放牧，土壤表层缺乏植被的覆盖，导致土地逐渐沙化，只要一刮起大风，很容易发生沙尘暴。

亚洲中部的荒漠区也在不断扩大，中亚五国有近400万平方千米荒漠化比较严重的地区。由于人口的快速增长，人为的过量用水，乱砍滥伐森林，过度放牧，造成草场退化，沙漠化严重。中亚地区有非常辽阔的盐土面积，达到15万平方千米，造成沙尘暴和盐尘暴的混合发生。

中东地区的沙尘暴主要集中在非洲撒哈拉沙漠南缘地区，20世纪70年代初到80年代中期，由于连年旱灾再加上过量的放牧和开垦，造成草场严重退化，田地大面积荒芜，沙漠化土地蔓延，沙尘暴加剧，使得人们的生活环境和生活质量急剧恶化。沙尘暴的频繁发生，也影响到了其他地区，如沙尘被风吹到南美洲亚马孙地区，还有的被吹到了欧洲。

6. 中国沙尘暴的时空分布

（1）时间分布特点。

从古至今，我国发生过很多次沙尘暴，从时间上看，沙尘暴有越来越频繁的趋势。在公元前4世纪只发生过两次，4~10世纪的700年共发生过39次，11~15世纪的500年共发生过97次，16~19世纪的400年里发生过115次。不仅发生次数越来越多，而且强度也在增大，涉及的范围更加广泛，持续的时间不断增加，危害也越来越严重。在明清时期的记载中可以看到，相隔较远的不同地区相继出现过一些沙尘天气，有时持续数日至十余日甚至数十日。历史上沙尘天气的发生没有连续性，存在着较大的波动。

春季是沙尘天气的高发期。历史上有明确记载的252次沙尘天气中，发生在2～4月份或只是写明是春季的沙尘天气就有147次之多，占全部沙尘天气的一半还多；其次是冬季，共59次，占23%；夏季和秋季较少，5月发生7次，6月发生8次，7月发生6次，8月发生5次，9月发生7次，10月发生4次，加上时间记载为夏秋季的2次，共计39次，仅占15%。

（2）空间分布特点。

第一，我国沙尘暴移动路径和主要影响地域。我国北方春季的沙尘天气与冷空气活动产生的大风经常同时出现。冷空气主要影响我国的路径有三条：东路——从蒙古国东、中部南下，影响我国东北、内蒙古东部、中部和山西、河北及其以南地区。中路——从蒙古国中西部南下，影响我国内蒙古中西部、西北东部、华北中南部及以南地区。西路——从蒙古国西部和哈萨克斯坦东北部东移，影响新疆在内的西北、华北及以南地区。根据我国气象台站近50年的数据观测分析，我国发生沙尘暴和扬沙天气的地区主要在长江以北大部地区，并以西北地区最为突出。

第二，沙尘暴的沙源分布。沙尘暴天气的沙源区主要分

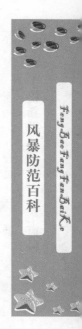

风暴防范百科

布在我国西北地区的乌兰布和沙漠、巴丹吉林沙漠、塔克拉玛干沙漠、腾格里沙漠、黄河河套的毛乌素沙地周围。特别是塔克拉玛干沙漠、塔巴丹吉林沙漠、腾格里沙漠、古尔班通古特沙漠，是我国沙尘暴的主要沙尘源区。

扬沙天气

第三，沙尘天气的空间分布。我国的沙尘天气主要发生在西北、华北大部、青藏高原。东北平原地区也常有发生。其中东经110度以西、天山以南大部分地区是沙尘暴的多发区，沙尘暴年平均日数大于10天；塔里木盆地及其周围地区、阿拉善和河西走廊东北部是沙尘暴的高频区，沙尘暴年平均日数在20天以上，局部接近或超过30天，如甘肃民勤30

乌兰布和沙漠

天、柯坪31天、新疆民丰36天等。从省区分布看，甘肃、宁夏、青海、内蒙古、山西、陕西、安徽、湖北、四川、江西、山东、河北、北京、辽宁、天津、江苏、浙江等地都曾发生过沙尘天气。其中黄河流域和海河流域是多发区。

7. 中国沙尘暴的多发区域及其分布特点

（1）中国沙尘暴的多发区域。

中国的沙尘暴多发区主要位于东经74度～东经119度、北纬35度～北纬49度的广大北方地区，其中，南北跨越600千米、东西绵延4500千米。西北、华北大部、青藏高原和东北平原地区是中国沙尘暴的主要发生地，属于中亚沙尘暴区域的一部分。其中，西起吐鲁番、哈密地区，东接绵延1000千米的甘肃河西走廊，北连内蒙古阿拉善盟，东扩外延到河套地区；北疆克拉玛依地区、南疆的和田地区及青海西北部地区的三个局地性沙尘暴区，是西北地区的两大强沙尘暴出现区域。

我国沙尘暴的空间分布，反映了沙尘源分布状况对沙尘天气形成的重要作用，以及下垫面特征，基本类似于中国沙漠化土地及北方沙漠的分布。

南疆盆地、河西地区及内蒙古中部，是我国沙尘暴年发生日数大于10天的主要分布区域，且均在沙漠及其边缘地区发生。其中，南疆的塔里木盆地的沙尘暴多发中心在民丰，平均年发生日数为35.8天；甘肃河西走廊东北部至内蒙古的阿拉善的沙尘暴多发中心在甘肃民勤，平均年发生日数为28.1天，这两个区域都是沙尘暴的多发地段。中纬度干旱和半干旱地区受荒漠化影响和危害比较严重，其地表植被稀少，多为旱地和沙地，大多数也是沙尘暴的易发区。

强或特强沙尘暴尽管可能出现在我国西北和华北许多地

风暴防范百科
Feng Bao Fang Fan Bai Ke

区，以及东北个别地区，但却仅有五个频数在20次以上的多发区：

以和田为中心的南疆盆地南缘区，其发生次数为42次；

以民勤为中心的河西走廊区，其发生次数高达53次；

以拐子湖为中心的内蒙古阿拉善高原区，其发生次数为25次；

以伊克乌素镇为中心的鄂尔多斯高原区，其发生次数为27次；

以朱日和为中心的浑善达克沙地区，其发生次数为22次。

其中，由于内蒙古地域辽阔，因而有着较为均匀的频数。比如，阴山以北广大地区与阿拉善高原北部的频数都高于10次，所以，总频数的2/3（有些从蒙古国移来）为内蒙古的强及特强沙尘暴所占据。

（2）中国沙尘暴的分布特征。

影响面积大。西起新疆，东抵沿海，分别有17和25个省市区受到沙尘暴和扬沙不同程度的影响。

高频区集中。在我国，塔里木盆地及其周围地区和阿拉善盟、河西走廊东北部及其邻近地区是发生沙尘暴的两个高频区。

地表沙化程度高。散布在青藏高原、黄河河套、内蒙古高原的沙地，以及塔克拉玛干等大沙漠，提供了极为丰富的沙尘物质源，是扬沙和沙尘暴天气的强劲的后援基础。

另外，明显影响扬沙和沙尘暴地理分布的，还有地形地貌、天气系统、降水分布、山脉走向和地表植被覆盖状况等。

8. 沙尘暴的直接危害类型

沙尘暴有较多的直接危害类型，大体可归纳为沙埋、风蚀、大风袭击和降温霜冻4种。

（1）沙埋。

沙尘暴形成以后，其移动可用排山倒海来形容，在狂风的驱动下，它的下层沙尘粒以滚滚之势向前移动，当有障碍阻挡或是风力减弱时，就会有大量沙尘落到地面，形成沙瓣、沙堆和沙丘，将农田、村庄、工矿、铁路、公路、水源等埋压起来。其中，铁路被沙埋造成的列车脱轨现象时有发生，致使停运修复时限有时长达半个月之久。

绿洲内外与戈壁风沙流入侵地段和沙漠、沙片相毗邻的狭长地带，或沙漠新垦区、地矿资源开发的沙砾质戈壁区是这种沙尘暴危害方式的主要表现地。

农田在经历过一场沙尘暴后，通常有5～20厘米的覆沙厚度。有时会有新月形沙丘形成；垦区的斗、农、毛渠有普遍的积沙现象；流沙在有的地段甚至溢出了渠岸。比如，昔日的阿拉善盟腾格里沙漠边缘的草场，在经历了沙尘暴的多次侵害后，造成严重的沙埋现象，已成为流动、半流动沙地。这种现象是产生荒漠化的一条主要途径。

（2）风蚀沙割。

土地表面物质被风力吹蚀；建筑物、农作物的表面被大风吹起来的沙砾磨去一层，称磨蚀。这两种情况都属于风蚀作用。

风蚀土壤会使肥沃的土壤变得贫瘠，这是因为它不仅仅刮跑了土壤里细腻的有机物质和黏土矿物质，而且还在土壤表层堆积了带来的细沙，令其无法耕种，使沙化的土地不断扩大。因此，衡量土地沙化程度的一个重要指标就是沙尘暴。

林网的网格过大、林网不完善的空旷农田，尤其是沿林网外边的新开垦农田等沙质土壤地区，是风蚀沙割的主要发生地。在大风侵蚀土壤时，庄稼禾苗、树木也会受到刮起来的沙子的割打。有些作物最不耐风蚀沙割，如蔬菜、瓜类、

棉花、小茴香等双子叶植物。春季，这些作物正是出苗发叶的时候，但此时，地表裸露，苗幼叶嫩，而沙尘暴又常常发生在这个季节，所以，作物受害更为严重，有时甚至难以恢复，因此，在风蚀灾害未得到控制的情况下，这些地区只能改种其他作物。

（3）大风袭击。

沙尘暴经过绿洲

沙尘暴在经过绿洲，尤其是林网化绿洲时，沙源将不再得到补充，风沙流也不再活动于近地面，此时它已成为尘暴，此种情况的危害事实上已成为狂风袭击的结果。

折断树木、摧毁电杆、吹倒围墙、吹翻车辆、毁坏房屋、袭击各种农业设施，甚至造成人畜的伤亡，这些都是具有巨大破坏力的大风能够造成的后果。

（4）降温霜冻。

沙尘暴通常都伴随有强冷锋，在冷锋过境后，通常会有剧烈的降温霜冻发生。降温幅度受冷空气影响，冷空气越强，降温幅度也就越大，其持续的时间也会越长。

总之，工农业生产和人民群众的生命、财产经常受到沙尘暴的威胁，造成了巨大危害和损失。一次强沙尘暴，通常

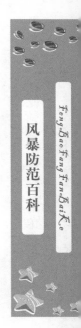

风暴防范百科

FengBaoFangFanBaiKe

会造成数亿元的直接经济损失，而对于良田被毁、土地退化等生态环境和社会的影响，其价值则难以估计。

9. 沙尘暴的次生危害

沙尘暴并非是来时轻轻去也轻轻，它就像恶魔，走后还会留下许多"后遗症"，引发多种次生灾害。

（1）对农业的影响。

尘土附在农作物叶面上，影响植物进行光合作用和呼吸作用，阻碍其生长；牵扯沙漠中的流沙，掩埋邻近沙漠地区的农田；有的甚至将一片田里的农作物连苗带土席卷一空。

土壤肥力降低：在自然界中，土壤圈是一个过渡地带，它位于水圈、大气圈、岩石圈和生物圈之间，是结合地理环境各组成要素的枢纽，也是联系无机界和有机界的中心环节。

土壤不仅是历史自然体，同时也为人类的生存、生活和生产提供了物质基础。土壤的本质特征和基本属性是土壤肥力，它指的是土壤在栽培作物或者在天然植物的生长发育过程中，可以不断地为其供应水分、空气、养分和热量，并进行协调的能力。

沙尘暴对农作物的影响

土壤的肥力因素通常包括水、气、热、肥。土壤肥力的高低受两个条件的制约，即土壤是否能够稳、匀、足、适地为植物生长发育提供条件及土壤肥力因素的协调状况。与这些条件有关的是自然条件、人工措施及土壤内部能量、物质的运动状况。

土壤风蚀是形成沙漠化的首要环节，也是其主要组成部分。风蚀会对土壤造成严重的后果，它会使土壤中的有机质和细粒物质流失掉，导致土壤粗化，降低土壤肥力。在毛乌素沙地和宁夏河东沙区，据有关专家对土壤进行的采样分析表明，在流沙层中，全氮占了0.26%，全磷占了0.057%，有机质占了0.12%；而被流沙覆盖的土壤层中各类物质要比流沙层高很多，全氮占了3.0%，全磷占了0.073%，有机质占了0.28%。

土地沙化：粉沙、细沙在被风搬运落入农田后，会对其造成影响，轻则使土壤沙化，重则覆盖耕地，但是，不管怎样，都会使土壤的理化性质发生改变，让肥沃之地渐渐贫瘠化。大风的吹蚀还会加速土壤的水分流失，让土壤的水热状况改变，降低土壤肥力。

由此可见，土地受沙尘暴的危害程度是相当严重的，有时甚至难以恢复。

农业减产：荒漠化地区最主要的一种生产经营活动是农业生产，但是，由于这些地区的生产经营水平低下，会受到很大的风沙危害影响。风沙活动会影响到农作物的播种、生

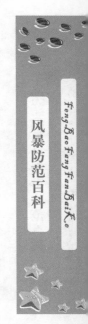

长、成熟各个阶段，通常会让农作物大面积减产，造成巨大的损失。

我国北方地区的风沙活动大多发生在春播和禾苗刚出土的季节，即4～5月份。强烈的风沙会严重影响春播，它常常会吹出粪肥和刚刚播种入土的作物种子。在沙漠化地区，粪肥和种子被吹跑的现象十分普遍。

（2）对畜牧业的影响。

一直以来，我国北方草原地区都以畜牧业为主，然而，随着环境的污染，人类的过度开垦，流沙覆盖了大片的草场，畜牧业的发展受到了沙漠化引起草场退化的制约。"天苍苍，野茫茫，风吹草低见牛羊"这类反映当时草原繁茂、牛羊肥壮的真实情况，在如今已经很难看到了。

普查的荒漠化结果表明，在我国荒漠化地区，共有1.05×10^{6}平方千米的草地退化，因为这些草地的退化，每年会使5000多万只绵羊丧失基本的生存条件。而自建国以来，据相关统计表明，平均每年有520平方千米的草地减少，共有2.35×10^{4}平方千米的草地已经转变成流沙。

其中，内蒙古自治区在1983年就有21×10^{4}平方千米的草地退化，到了1995年，则增至39×10^{4}平方千米，可利用的草地正以惊人的速度在退化，其退化面积以大约每年2%的速度增加。

呼伦贝尔草原和锡林郭勒草原，素以水草丰美著称，但随着时间的推移，其草地面积也在不断地退化，分别有23%

和41%的草原面积已经退化，其中，鄂尔多斯高原草场的退化最为严重，退化面积已达68%。

如何确定草地是否处于退化状态呢？当草地已经开始退化时，植被就会渐渐变得稀疏低矮，产草量降低；一些优良牧草的数量会不断减少，如豆科、禾木科植物，而那些适口性差、营养价值低，甚至有毒有害的植物则会不断增加，使牧草的质量下降。

现在，随着草场退化和环境污染等情况的不断加剧，内蒙古天然草场的载畜量已经相当低了，仅仅相当于20世纪50年代的75%，60年代的80%。

在沙漠化情况严重的地区，草场地表水分常常会被春天强烈的风沙迅速地蒸发掉，使牧草的返青不易进行，因为刚刚返青不久的嫩草往往会被高速运动的沙粒打死打伤，从而推迟草场的返青，使得春季由于缺乏牧草而对畜牧业的危害加剧。

附着在草叶上的沙尘常被牲畜吃到体内，牲畜在啃食低矮的牧草时，也极易将沙粒吸食到体内。牲畜将沙尘、沙粒吸收进胃肠以后，极易患沙结病，造成极大危害，轻则使之不能正常发育，重则会导

牲畜在啃食牧草

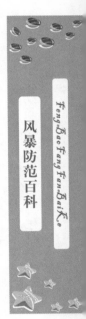

致死亡。

草场沙化使草场的载畜能力大为降低，也使草场的生物量大大降低。牲畜因为草场质量的降低，经常处于半饥饿、饥饿状态，连基本的温饱都得不到保障，所以，生长发育缓慢，存栏时间长，出栏率不高，而且不够肥健。

（3）对水利设施和建筑物的影响。

泥沙侵入水库、埋压灌渠，对水利设施及河道泄洪都会产生影响。在沙漠附近，沙丘在强风的作用下不断前移，掩埋建筑物；强沙尘暴还会卷起大小不等的石块，攻击建筑物，致使屋顶被掀飞，玻璃被击碎，围墙、房屋倒塌。若是刮断高压电线，不但会引起火灾烧毁房屋，甚至可能引发其他危险等。

（4）对工业生产的影响。

精密化工、精密机械等设施，都会因为浮尘而遭受严重的破坏性影响；沙尘还可能会导致机械设备运转部件的加速磨损；此外，沙尘暴对管道管线等也会造成严重的破坏。由于风蚀的原因，致使管道管线外露。

（5）对通信信号的影响。

沙尘暴引起的"风沙电"会干扰通信及控制设备的正常使用，造成信号中断或模糊出错；"电晕"现象还可能会造成严重的人员伤亡及设备事故。

随着科技的发展，卫星及地面无线电系统渐渐成为人们生活中必不可少的生活资源。因此，无线电波被沙尘暴影响，已引起了国内外学者的高度重视。

据目前情况看，沙尘暴对无线电波可能存在以下几个方面的影响：

沙尘粒子的吸收和散射，导致信号能量的衰减；

沙尘粒子不规则的形状与粒子空间取向有一定分布规律，导致信号的交叉极化效应；

由于沙尘粒子纵向分布的不均匀性以及沙尘暴对毫米波可能产生绕射和折射而引起信号的多径传播；

沙尘在天线上的沉积而导致方向图畸变、信号增益衰减和交叉极化效应；

线路被毁造成通信信号中断和强风吹毁天线。

（6）对交通运输的影响。

流沙若掩埋了铁路，轻则造成交通中断，重则会引发列车出轨事故。航空交通及汽车客运也易受到影响。

沙尘暴对铁路造成的沙害形态可分为两种类型，一是风蚀，二是沙埋。

风蚀：这种现象多半发生在戈壁沙漠区修建的铁路段，因为这种路段的路基填料多为粗沙、细沙和粉沙，质地松散、不牢固，所以易在大风的作用下产生风蚀现象。致使路基降低，轨枕悬空，严重危及行车安全。

沙埋：这种现象正好与风蚀相反，它不是使轨枕悬空，而是抬高轨枕。积沙埋压铁轨，随着列车通过时铁路道床产生的震动，松散的沙粒便透过道渣孔隙及道床与轨枕间的缝

隙向下渗落，一层层聚集到道床底部，将轨枕及钢轨抬高，这种现象被称为抬道，被抬起的轨道有的甚至可高出数十毫米。这种高低不平的状况，会给高速行驶的列车带来巨大的颠簸，甚至造成脱轨事故。另外，预计在钢轨两侧的积沙会使列车运行受阻，不仅仅会造成脱轨事故，更严重的还会造成列车颠覆事故。此外粉细沙对钢轨和配件的腐蚀也是相当严重的，磨耗和被长期掩埋将大大缩短钢轨的使用寿命。

沙埋铁路常见的有以下三种情况：

舌状积沙。这种情况一般发生在横穿沙丘走向的铁路线，斜交风从路堑两端吹入风口地带，当风携带着流沙顺着风向或风口掠过路基时，流沙堆就会成前低后高的舌状蔓延横跨线路，从而掩埋道床和钢轨。

片状积沙。这种情况一般出现在沙尘暴过境时，因为受线路及地形的影响，下层风沙流运动受阻，便沉积在道床之内，积沙形态较为均匀。流沙堆积于迎风路肩，且不断前移而掩埋钢轨。此外，路堑积沙是由于气流的涡旋作用形成的，大量流沙经常堆积在堑顶和侧沟，每遇狂风便被带动移向道心。

堆状积沙。这种情况一般发生在通过流动沙丘、半流动沙丘和半固定沙丘的线路地段，沙丘由于强风的推动而前移，造成堆状积沙。

沙尘暴对公路的危害同对铁路的危害相似。风蚀、掩埋公路，造成交通中断。有些路面被风沙剥蚀成搓板路，不但使路面寿命降低，也加大了交通工具的耗损，行驶汽车的耗油量也因此而增加。尤其是在高速公路上，若是覆盖了大量沙子，很容易导致交通事故的发生，使行车危险性增大。

（7）对人类的影响。

大风、飘尘和降尘使得广大地区的空气质量严重恶化，人们的身体健康因此受到损害，引发疾病。与此同时，沙尘暴的频发也应引起人们的深思。

生态环境遭到严重破坏，人类的生存条件受到威胁，甚至使许多人沦为"生态难民"。

沙尘暴的频繁发生，不但给人们生命财产带来重大损失，还对大气环境带来严重污染。

20世纪50年代末，由于沙漠化的不断扩展和地下水的过量开采，使面积本为35.5平方千米和267平方千米的东、西居延海，分别于1961年和1992年干涸，从此成为历史。

流沙的侵袭，使历史上许多草木丰腴，土壤肥沃的地方变成了荒凉的不毛之地，甚至是弥漫着死亡气息的茫茫沙漠。例如，我国陕西省榆林地区，曾经是一片林木茂盛的地区，在解放前的百余年间，由于流沙南移了50千米，时至解放初期此地仅存灌木林4×10^4公顷，林木覆盖率仅剩下了1.8%。农田、牧场大部分被流沙吞没，仅存耕地也被包围在众多沙丘之中，共计6个城镇和412个村庄被南移的风沙侵袭和压埋。

沙尘暴的迅猛常常使人们措手不及，从而造成了很多悲

风暴防范百科
Feng Bao Fang Fan Bai Ke

剧性事件，例如，在1993年5月5日发生了一场特强沙尘暴，突如其来的狂风，使我国景泰县寺滩乡正在河滩上放羊的4位牧民中的3位被大风刮得无影无踪，剩下一位被大风卷起后又摔在地上，造成腿部严重骨折。芦阳镇一位驾驶摩托车行驶的小伙子，被狂风卷入水渠，溺水而亡。

　　但狂风并没有因此而停歇，当沙尘暴刮到武威、古浪县时，正好赶上小学生放学时间，33名小学生正活蹦乱跳地走在回家路上，谈笑之间狂风来袭，有的被沙尘直接呛死，有的被沙尘暴卷入水渠中溺亡。中卫县小学两名学生为了避风跑到围墙下，却不想围墙被狂风突然吹倒，造成了一死一伤的悲剧。武威市长城乡狂风刮断电线，引起火灾，烧毁民居20户，牲畜棚圈145个，屋内全部财产瞬间化为灰烬，240头畜禽被烧得面目全非。

学生为了躲避风跑到围墙下

据最后统计，1993年5月5日这场沙尘暴共造成85人死亡，264人受伤，31人失踪。死亡和丢失牲畜12万头（只），受灾牲畜73万头（只）。

2010年4月24日，我国甘肃遭遇沙尘暴，敦煌、酒泉、张掖、民勤等13个地区出现沙尘暴、强沙尘暴和特强沙尘暴，其中民勤县在当天傍晚时分的能见度接近0米。据资料显示，这次大风特强沙尘暴是民勤县有气象记录以来最强的一次。在内蒙古阿拉善右旗，34年来最强的沙尘暴使当地农牧业遭受重创，据阿拉善盟初步统计表明，失踪或死亡的牲畜有4000多头，近5万亩农田受灾；上百座蔬菜大棚受损严重；300多眼水井被掩埋；通讯、光电线路也严重受损。2013年5月18日，我国内蒙古阿拉善左旗遭沙尘暴袭击，致使近1500亩农田受灾。

（8）污染大气环境，损害人类健康。

沙尘暴降尘中至少有38种化学元素，它的发生大大增加了大气固态污染物的浓度，从多方面损害人类的健康。眼、鼻、喉、皮肤等直接接触部位会出现刺激症状和过敏反应，严重的可导致皮肤炎症、结膜炎等。沙尘暴还会加重呼吸系统疾患，对肺部的危害较为严重，吸入肺内的尘粒一旦超过肺本身的清除能力，就会导致肺及胸膜的病变，引起支气管炎、肺炎、肺气肿等疾病，在以上病变的基础上，肺癌的发生率将明显升高。

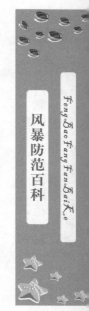

风暴防范百科

Feng Bao Fang Fan Bai Ke

二、风灾的预防与监测

（一）风级及风力警报

1. 风级

风级是表示风力的，一般风级越大，风力就越强，风速也就越快。

我国古代曾对风速有这样的描写："动叶十里，鸣条百里，走石千里"。

气象部门将风力划分为13个等级，即从0～12级。人们为了便于记忆，就根据风力对海陆物体产生的影响，把风力等级用歌谣描述出来：

零级无风炊烟上；一级软风烟稍斜；

二级轻风树叶响；三级微风旌旗扬；

四级和风灰尘起；五级清风水连波；

六级强风大树摇；七级疾风花果掉；

八级大风步难行；九级烈风树枝折；

十级狂风树根拔；十一级暴风陆罕见；

十二级飓风浪滔天。

2. 风力警报

一般警报，风力≤7级；

大风警报，风力8～9级；

风暴警报，风力10～11级；

台风警报，风力≥12级；

飓风警报，风力≥12级。

（二）台风的预防与监测

1. 台风来临前的预兆

了解并掌握台风来临前的预兆，是减少或避免台风灾害的一种有效手段。那么，台风来临前都有哪些预兆呢？

（1）海鸣的出现。

台风来临的前两三天，在沿海地区可以听到嗡嗡声，如远处飞机声响的海鸣。随着声响的不断增强，可以判定了台风正在逐步接近。凭借这个预兆，渔民可以事先采取相应的防台措施，效果非常好。

台风是发生在西太平洋和南海海域的较强的热带气旋系统。1989年，世界气象组织按照热带气旋中心附近平均最大

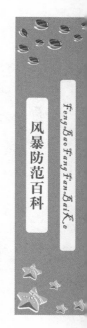

风力的大小，作出了以下规定，将热带气旋划分成为四种类型，即热带低压、热带风暴、强热带风暴和台风。其中，台风的风力在12级或12级以上。

（2）有巨大的涌浪出现在海面上。

长浪又叫做涌浪。海面上经常在台风尚在远处时就会产生人所能见的涌浪。从台风中心传播出来的这类特殊海浪，其浪顶是圆的，浪头并不高，一般高度只有1～2米，浪头与浪头之间的距离比普通海浪的尖顶间距、短距离的海浪要长很多。长浪看上去会给人以浑圆之感，其行进节拍缓慢，声音沉重，以70～80千米／小时的速度传播。这种浪在逐渐靠近海岸时，会转变成滚滚的碎浪奔腾而来。长浪越来越猛是台风在靠近的预兆。

（3）有大群落在船上赶也赶不走的疲惫海鸟。

当台风即将来临时，感受到台风气息的大群海鸟为了免受台风威胁，会纷纷从台风中心逃离开来，日夜兼程地朝着远离台风的陆地飞去。如果有渔船出海，这些疲惫不堪的水鸟群就会歇在船的甲板上，即使有人对其进行驱逐，它们也不会离去，这是大台风将要来临的预兆。

（4）高云与骤雨的出现。

在台风最外围是呈白色羽毛状或马尾状的卷云，如果我们看到某方向出现这种形状的云，并渐渐增厚，形成密度较高的卷层云，并伴有忽落忽停的骤雨，便可以此判断可能有台风正在渐渐接近。

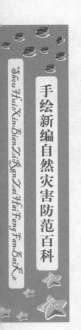

（5）雷雨停止。

在沿海地区的夏季，雷雨时常发生，若雷雨忽然停止，则预示可能有台风临近。

（6）能见度良好。

在台风来临前的二三天，能见度会比平时高很多，远处景致皆能清晰可见。

（7）海、陆风不明显。

一般情况下，沿海地区风的走向会很明显，白天风由海面吹向陆地，夜晚陆风吹向海洋，而在台风来临前，风的走向不再明显，以此可推断可能有台风将近。

（8）风向转变。

沿海夏季季风明显，若风向忽然大反常态，转变风向，则预示台风已经临近，因为风向已经受到台风边缘的影响，接着风力便会逐步加强。

（9）特殊晚霞。

台风来临前的一两日，晚霞常出现反暮光现象。即太阳隐于西方地平线下后，发出数条呈放射状的红蓝相间的美丽光芒，直至天穹，且环绕收敛于与太阳位置相对的东方处。

（10）气压降低。

结合以上诸现象的发生，若再发现气压逐渐降低，则显示将进入台风边缘了。

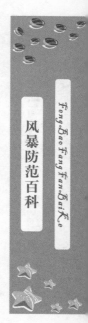

风暴防范百科

Feng Bao Fang Fan Bai Ke

2. 防范台风的避险措施

一般来说，掌握必要的避险技巧是防范意外灾害发生的有力保障。防范台风的避险措施如下：

（1）密切关注台风气象预报。

气象台根据台风可能产生的影响，分别以3种预报形式，即"消息""警报"和"紧急警报"向社会发布。而按台风可能造成的影响程度，则分为四色台风预警信号，从轻到重分别为蓝、黄、橙、红。

密切关注媒体有关台风的报道，及时采取预防措施，可减少不必要的伤害。

（2）及时转移到安全地带。

强风可以使建筑物倒塌、高空设施坠落，造成人员伤亡，居住在各类危旧住房的居民，出现台风预警时，要及时转移到安全地带，远离临时建筑（如围墙等）、广告牌、铁塔等，防止被坠落的高物砸伤。

（3）做好应急的物资准备。

从历年台风的防灾经验来看，在台风期间多准备些食物、饮用水及常用药品等很有必要。因为台风形成的危害最易造成断水、断电，如果居住在台风运动区间或低洼地带，很可能会造成一两天的围困，所以，食物和饮用水的准备一定要充足。虽然不知道目前正在面临的台风的危害程度，但事前做好充分的预防应对很有必要。断水断电的时候，手电筒、收音机也有很重要的作用。

（4）准备能够应急的照明工具。

平时家里最好能准备一些可以应急的照明设备，如蜡烛、手电或蓄电的节能灯等，最好还要准备充足的干电池。这样就算遇到房屋进水或是停电等情况，照明也不会成为问题，倘若在夜晚出行，有了备用的照明设施，就不怕在黑乎乎的道路上有什么被吹倒的东西横隔在前方了。

（5）固定或搬运摆在高处的物体。

台风来袭时，大风会把阳台的花盆、楼顶的广告牌、折断的树枝刮起来，一不小心，地上的人或动物就会被砸伤。所以，在台风来临之前，大家应把自家阳台窗口的花盆、衣架等物清理好，并检查楼道的窗户是否有破损，如有破损要在第一时间内将其修补完整，以免在大风中被摧毁而造成人员伤亡。

（6）关好门窗，加固易松动物品。

关好门窗，并检查其是否坚固；及时搬移窗口、阳台处的花盆、悬吊物等，特别是要将楼顶的杂物搬进室内；室外易被吹动的东西要加固；检查电路、炉火、煤气等设施是否安全。台风期间，如果建筑物安全的话，最好不要出门，以防被砸、被压、发生触电等不测。

（7）为防进水，下水管道要保持疏通状态。

积水给地势低洼的居民区带来的麻烦和危险要能避则避。首先要做的就是赶在暴雨来临之前检查自家的排水管道是否畅通，如果条件允许，最好将其疏通一下。而住在一楼

关好门窗，加固已松动的物品

的住户则要特别小心，一些浸不得水的衣鞋、货物以及电器，要尽可能地移往高处，这样一旦房内进了水，也不会造成太大的损失。

3. 台风来临前应做的准备

现代科技的发展，能够比较准确地预测台风的到来。及时收听或收看气象预报，关注气象信息的变化，根据气象台发布的大风灾害预警信号进行防范。台风影响较大地区，如沿海地区和低洼地区的居民，一定要及时撤离到安全地带，船只要尽快进港避风。

台风来临前的防灾措施：

检查房屋是否牢固安全，若是危旧建筑，应马上离开避险。

房屋安全的话，要检查门窗是否坚固，可以备好胶合板、塑料板、毛毯等，以便台风来临前加固窗户。门窗玻璃最好要用胶带全部粘好，防止狂风吹碎玻璃，四散伤人。

加固或转移有可能被风吹落的物体，如花盆、护栏、遮雨棚、晾衣杆、室外天线等。

准备充足的水及食物、蔬果，并确保冰箱里的食物新鲜；准备好蜡烛、手电筒等照明用具，以备停电时使用；准备日常救急的药物等，以备不时之需。

检查煤气、水源及电路，小心各种能造成火灾的隐患。

若还有时间外出采购的话，要理智购物，不要盲目购入一些不需要的东西增加负担。

在台风区，当居民需要撤离时，政府或当地有关部门应及时建立好紧急避难所，及时有序地安排好居民的安全转移。

加固门窗

4. 台风来临前的应急防范措施

台风来临时，易在沿海地区形成狂风巨浪，形成暴雨和风暴潮，造成洪涝灾害。台风对沿海地区的影响巨大，破坏力惊人。但是台风侵袭具有很强的季节性和地域性。所以，要多了解台风避灾知识，关注关于台风的气象信息，及时有效地躲避台风造成的危害，把损失降到最低。

出现台风预警和发现台风先兆时，在海上航行或作业的船只，一定要及时驶进港口躲避风灾，并同时抛下两只锚，以加强船只的固定，减轻风浪来临时的移位。及时加固船只上的易移动的物品，以防掉落或摔坏。液体货物应进舱，其他货物要绑紧、加固。

沿海地区要加固、加高海堤。海边、河口等低洼地区的居民要尽快转移到较高处的坚固建筑物内躲避。在转移之

台风来临前的应急防范措施

前，家里的各项防范措施也要做好，如门窗固定好，贵重易碎物品打包放好，关闭屋内电源、煤气阀等。

居所靠近高压电线的居民，处境也是危险的，最好选择其他安全的居所暂避。

如果是住在平房，查看一下居所附近是否有不牢固或具有危险性的附属物。住在高层建筑的居民则要注意关紧门窗，及时转移窗台、阳台上的容易掉落物体和其他悬挂物等。

防范大风刮碎玻璃，关紧门窗，以免被强风吹开，检查并加固容易被风吹倒的物体。最好在玻璃上贴上胶条，以免玻璃被狂风吹碎后，碎片四散伤人。不要在玻璃门、玻璃窗附近逗留。不要在靠近向风的玻璃窗户下设床休息。

汽车要停放在车库内或其他安全处，不要停放在建筑群和建筑物下面，防止高物掉落砸损车身。

台风的运动速度惊人，在台风期间，尽量避免户外活动。

台风与地震、海啸等灾害不同，现在对于台风的预报很准确，因而人们有充分的时间进行防范，但由于其造成的灾害不易预见，所以不可掉以轻心，一定要慎重对待。

风暴防范百科

Feng Bao Fang Fan Bai Ke

5. 海上船舶如何避开台风

（1）我国海岸电台责任海区范围。

为了能够及时地避开恶劣天气造成的影响，安全地完成航行任务，船舶在海上航行时，对于所航行海区的海洋和气象状况，要随时予以掌握，然后按照有效的方式航行。

海岸无线电台

目前，世界各国的海上天气报告和警报都是以国际海事组织（IMO）和世界气象组织（WMO）所划定的海区范围为准，由指定的海岸无线电台广播。

我国设有海岸电台的有大连、上海、广州、香港、基隆、花莲和高雄等地，海上天气报告和警报每天都会定时发布。

其中，各地负责播报的内容如下：大连的海岸电台（XSZ），负责播发天气形势、大风警告和在未来24小时内海区的天气预报，其播发语言有中文和英文两种；上海的海岸电台（XSG），负责播发东亚天气形势摘要、大风警报、风暴警告和未来24小时内海区的天气预报，其播发语言有中文和英文两种；广州的海岸电台（XSQ），负责播发热带气旋警告、风暴警报和未来24小时内海区的天气预报，其播发语言有中文和英文两种；香港的海岸电台（VRX），则负责播发一般天气形势，包括西北太平洋地区热带气旋活动情况、风暴警告、未来24小时内海区的天气预报，其播发语言为英文。

各海岸电台的责任区海区范围如下：大连的责任区海区范围为渤海海峡、渤海、黄海中部和黄海北部；上海的责任区海区范围为济州、长崎、鹿儿岛、渤海海峡、渤海、黄海南部、黄海中部、黄海北部、东海南部、东海北部、台湾海峡、台湾省北部、台湾省东部和琉球群岛；广州的责任区海区范围为东沙、西沙、中沙、南沙、广东东部、广东西部、台湾海峡、琼州海峡、北部湾、海南岛西部、曾母暗沙、巴士海峡、华列拉和头顿；香港的责任区海区范围为香港、广东、东沙、西沙、南沙、琉球、岘港、黄岩岛、民都洛、华列拉、北部湾、台湾海峡、巴士海峡、巴林塘海峡、台湾省东部等；基隆、花莲和高雄的责任区海区范围为：台湾海峡、巴士海峡、东海海域和台湾省近海。

（2）危险半圆与可航半圆。

热带气旋有危险半圆与可航半圆之分，如果在缺乏气象台发布的热带气旋中心位置和移动方向等信息的情况下，船舶误入热带气旋区，这时可以利用本船现场观测到的风向和风速变化情况，判断出船舶处于哪个半圆，然后就可以根据实际状况采取相应的航行法。如果船舶位于可航半圆，应以右舷船尾受风脱离，保持受风角30度～40度；如果船舶误入危险半圆，应使船首顶风全速逃离，保持风吹向右舷10

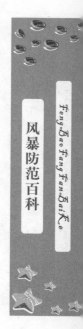

危险半圆和可航半圆

度～45度，直到离开危险区域为止。

按热带气旋的移动方向，可以把热带气旋分成左、右两个半圆。在南半球，左半圆被称作危险半圆，右半圆被称作可航半圆；而在北半球，情况则恰恰相反，左半圆被称作可航半圆，右半圆被称作危险半圆。同时，南半球左前象限和北半球的右前象限都被称为危险象限。

6. 自然灾害风险的评估

自然灾害风险指在未来若干年内可能达到的灾害程度及其发生的可能性。为防范和减少灾害的发生，对灾害风险做充分的调查、分析与评估，了解特定地区、不同灾种的发生规律，掌握各种自然灾害的致灾因子对社会、经济、自然和环境所造成的影响以及影响的短期和长期变化方式，并在此基础上采取有效地防范措施，降低自然灾害风险，减少自然灾害造成的各种损失。自然灾害的风险评估包括很多方面，如灾情监测与识别、确定自然灾害分级和评定标准、灾害风险评价与对策、建立灾害信息系统和评估模式等。

1922年，中国大地还处于一片混乱时期，8月2日夜间，台风袭击了广东省汕头地区，引起特大风暴潮灾害，人口死亡7万余人，财产损失总在千万元（1922年时的币值）以上。"据《潮州志》记载："台风使得山摇地动，潮汐骤至，暴雨倾盆，水深丈余，沿海地区许多乡村被卷入海浪……受灾严重的，还有整个村庄所有人畜生命财产完全化为乌有……"

2005年9月11日，我国浙江省台州市遭遇了自1956年以来最强的台风"卡努"。受其影响，浙江北部、上海、江苏南部、安徽东部也都出现了暴雨和大暴雨。浙江省的温州、台州、宁波、金华等市局部造成洪涝灾害，受灾人口达549.8万人，农作物受灾面积225千公顷，房屋倒塌7468间，死亡14人，失踪9人。这与解放前1922年登陆我国汕头地区的那次台风使7万多人丧生的悲惨景象形成鲜明对比。

台风发生后，从中央到地方各级相关部门以最快速度对防御第15号台风"卡努"作出全面部署。

浙江、福建、上海等省市主要领导亲自动员部署，防汛指挥部紧急启动防台预案，紧急转移受灾地区群众135万人，是历次防范台风灾害中转移人数最多的。并且及时发出通知，宣布中小学和幼儿园停课一天，尽一切可能减少人员伤

风暴防范百科
FengBaoFangFanBaiKe

亡和财产损失。温州在乐清、永嘉、洞头等区发布红色预警信号。受台风"卡努"的影响，温州机场当天取消所有进出港航班，该市的船渡全部停航。

2006年11月30日中午时分，台风"榴莲"登陆吕宋东南部阿尔拜省，由于"榴莲"在菲律宾中部众岛屿间通过，其风眼没有经过大型山脉，因此能一直保持三至四级的台风强度横扫多个岛屿，致使破坏力惊人。"榴莲"穿越菲律宾中部期间，在莱加斯皮市引发了严重的山泥倾泻，同时暴雨混合马荣火山喷出的火山灰，导致3个城镇及村落被山泥和火山灰淹没。菲律宾政府表示，台风"榴莲"在当地已导致526人死亡，740人失踪，100万人直接受灾。

2006年的超强台风"桑美"严重影响了我国东部沿海地区，共造成了25亿美元的巨大损失。

2011年8月8日，强热带风暴"梅花"侵袭了我国大连，引发海水倒灌。

2013年8月，超强台风"海葵"侵袭我国浙江、上海、江苏、安徽，造成4省（直辖市）共6人死亡，217.3万人紧急转移。

台风还会引发狂风、暴雨、巨浪和风暴潮等一系列的自然灾害。

狂风在陆上可直接摧毁不够坚固的建筑物，在海上可以掀起5米以上的巨浪，强烈台风中心附近还可能达到十多米的高度，往来船只会被卷入海底。

暴雨能够引发洪涝、滑坡、泥石流、疫病等灾害。洪水淹没田地庄稼，使房屋倒塌，造成人员伤亡，损毁电力通信，使交通枢纽瘫痪等。

风暴潮是由于台风的狂风和极低气压的作用，在台风移向陆地时，使海水向海岸方向强力堆积，潮位猛涨而形成的海洋灾害。强烈的风暴潮能掀起5～6米高的海浪，使海水水位上升。如果与天文大潮相遇，将产生最高的潮位，会造成潮水漫溢，海堤溃决，以致淹没城镇和农田，冲毁房屋和各类建筑设施，造成巨大人员伤亡和财产损失。风暴潮还会造成海岸侵蚀，使海水倒灌，造成土地盐渍化等灾害。

7. 台风预警及其防护措施

台风的警报有何标准？根据编号热带气旋的强度和登陆时间、影响程度，可分为消息、警报和紧急警报。

在预报责任区与编号热带气旋尚有一定的距离或者还没有受其影响时，可以根据需要发布"消息"，报道其进展情况；解除警报时也可用"消息"方式发布。

在未来的48小时之内，预计本责任区的沿海地区会受到编号热带气旋的影响，或者在其登临时发布警报。

在未来的24小时之内，预计本责任区的沿海地区会受其影响，或者在其登临时发布紧急警报。

为了减轻和防止突发灾害带来的不利影响，保障人民生命财产安全，稳固经济的建设、社会的发展并平衡自然环

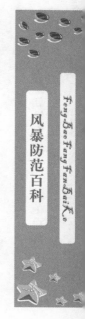

风暴防范百科 *FengBaoFangFanBaiKe*

境，2004年8月24日，中国气象局正式公布了《突发气象灾害预警信号发布试行办法》，并在当年9月开始实行。灾害性天气预警信号分为11类，分别为台风、暴雨、高温、寒潮、大雾、大风、冰雹、雪灾、沙尘暴、雷雨大风、道路结冰。其中，台风预警信号分为蓝色、黄色、橙色和红色四级。

《突发气象灾害预警信号发布试行办法》中的大多数项目的标准是全国统一的，但是，由于西部和青藏高原地区有着较为脆弱的生态条件，造成灾害的雨量不同于东部地区、干旱地区。由于相对湿度较小，高温给人类带来的影响也不同于相对湿度大的地区，因此，可以根据实际情况对这些地区制定出不同于这个试行办法的标准。

根据《中华人民共和国气象法》规定，预警信号由县级以上气象主管机构所属的气象台在本责任区内统一发布。因

《突发气象灾害预警信号发布试行办法》

手绘新编自然灾害防范百科

Shou Hui Xin Bian Zi Ran Zai Hai Fang Fan Bai Ke

此，在有重大灾害性天气，如台风、寒潮等来临时，公众就可以迅速从电视、广播、互联网、手机短信和位于城市显著位置的电子显示牌得到预警信息。下面，我们就来了解一下关于台风的预警信号内容。

（1）台风蓝色预警信号。

台风蓝色预警信号是指在未来24小时之内有受热带低压影响的可能，其风力平均可达6级以上，或阵风7级以上；或者在这段时间内已经受到了热带低压的影响，风力平均为6～7级，或阵风7～8级，并可能持续。在这个时候，行人迎风行走感觉不便，电线有呼啸之声。

此时段要做好防风准备。其相应的防御措施有：对于有关媒体报道的热带低压最新消息要留意，并对有关的防风通知做好充分的准备；固定好易被风吹动的搭建物，如门窗、围板、棚架、临时搭建物等；对于那些容易受热带低压影响的室外物品，要进行妥善安置。

（2）台风黄色预警信号。

台风黄色预警信号是指在未来24小时之内有受热带风暴影响的可能，其风力平均可达8级以上，或阵风9级以上；或者在这段时间内已经受到了热带风暴的影响，风力平均为8～9级，或阵风9～10级，并可能持续。在这个时候，行人行走时阻力会非常大，小树枝可能被折断，房瓦可能被掀起。

此时段进入防风状态。其相应的防御措施有：建议托儿所、幼儿园停止上课；停止露天集体活动，要迅速而有序地

风暴防范百科

Feng Bao Fang Fan Bai Ke

房瓦被掀起

疏散人员；霓虹灯招牌及危险的室外电源应予以切断；船舶要迅速驶进安全的避风场所避风；通知水上或高空等户外作业人员停止作业；地处危险地带和危房中的居民，要关紧门窗，躲避到安全的地方；工作人员应尽快撤离危险地带。同时也要相应地做好蓝色预警信号的防御措施。

（3）台风橙色预警信号。

台风橙色预警信号是指在未来12小时之内有受强热带风暴影响的可能，其风力平均可达10级以上，或阵风11级以上；或者在这段时间内已经受到了强热带风暴的影响，风力平均为10～11级，或阵风11～12级，并可能持续。在这个时候，树木可能被吹倒，出行会有很大的危险。

此时段进入紧急防风状态。其相应的防御措施有：建议中小学停止上课；若非迫不得已，居民不要随便出去，应该待在家中最安全的地方，特别是小孩和老人；将室内的大型集会停止下来，及时有序地疏散在场人员；相关的应急处置部门和抢险单位要密切地注视灾情的发生、发展情况，必要时要加班加点，落实好相关的应对措施；为避免出现船只搁浅、走锚和碰撞的情况，对港口的设施要进行一定的加固。同时也要相应地做好黄色预警信号的防御措施。

（4）台风红色预警信号。

台风红色预警信号是指在未来6小时之内可能或者已经受台风影响，其风力平均可达12级以上，或者已达12级以上，并可能持续。在这个时候，大树有被吹倒的可能。

此时段进入特别紧急防风状态。其相应的防御措施有：除了特殊的行业外，建议其他行业停止营业，学校也要停止上课；如果没有特别情况，民众都要尽量待在能够安全防风的地方；相关应急处置部门和抢险单位要根据情况研讨出适宜的抢险应急方案，并随时准备启动；当台风中心路过时，在一段时间之内，风力会有所减小或者静止下来，但此时也应该继续留守在原处避风，切忌慌张地返回，因为强风不久会重新吹袭；同时也要相应地做好橙色预警信号的防御措施。

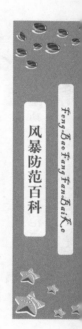

8. 台风的预报方法

随着科学技术的发展，目前台风的发生、发展和它的移动路径都已能被相当准确地预报出来。下面向大家介绍一些有关天气图预报方法的基本知识，让你一眼就能从气象传真图上看到台风，了解它的未来动向。

一般人是无法看到天气图的，只有气象台的预报员才能看到。现代化通信技术发展迅猛，20世纪70年代，发明了气象传真机，运用它就可以接收天气图，也就是气象传真图。利用气象传真机接收气象传真图，就像电视机一样能接收许多台，可根据不同的需要分别进行选择。

世界各地的气象传真广播台被世界气象组织（WMO）划分成了印度洋、波斯湾、地中海、南太平洋、南大西洋、西北太平洋、东北太平洋、西北大西洋、东北大西洋和北大西洋北部8个区域。现在，西北太平洋上有7个气象传真广播台，即北京、上海、台北、东京、曼谷、关岛和哈巴罗夫斯克。

世界各国发布的气象传真图内容、种类很多，其中，适用于航海和海洋的气象传真图大致有以下几种类型：

地面图，包括地面预报图和地面分析图；

高空图，包括高空预报图和高空分析图；

卫星云图，包括红外云图和可见光云图；

海浪图，包括海浪预报图和海浪分析图；

海流图；

海温图；

冰况图；

热带气旋警报图；

亚洲地面分析图。

不同的部门，不同的行业可以根据需要有选择地进行接收。

（三）龙卷风的预防与监测

1.龙卷风灾害的防范措施

龙卷风是一种强烈的、小范围的空气涡旋，是在极不稳定天气下由空气强烈对流运动而产生的一种大气现象。龙卷风的旋转速度可以达到620千米／小时。地面直径25～50米，移动速度每小时50～165千米。龙卷风的破坏力是惊人的，能把大树连根拔起，使建筑物倒塌，人畜生命遭受损失等。

龙卷风有周期性，一般出现在六七月间，有时也会出现在八月的上旬、中旬。在我国江苏省内，几乎每年都有龙卷风出现，发生的地点不固定。美国也是一个龙卷风多发的国家。2007年美国俄克拉何马州的一场龙卷风，把屋顶之类的重物吹出了几十英里之外，造成数十人死亡。龙卷风的破坏力如此巨大惊人，那么，应该如何防范龙卷风带来的灾难呢？

第一，留意媒体报道。如广播、电视等相关的报道和预警，听到关于龙卷风的天气预报后，最好减少到室外的次数。

第二，学会识别龙卷云。龙卷云除了会伴有雷电、阵雨、阵性大风及冰雹等天气现象以外，还会在云底出现乌黑的滚轴状云，如果在云底见到有漏斗云伸下来，则预示着龙卷风就要出现了。

第三，龙卷风会伴随着一种由远而近、沉闷压抑的巨大

呼哨声而来，这声音类似火车头或汽船的鸣笛，或像战场上喷气式飞机和坦克的刺耳声音等。

2. 龙卷风的预兆

（1）低云层盘旋，地面上有旋转的碎物和沙尘。

龙卷风是一种涡旋。空气绕龙卷风的轴快速旋转，受龙卷风中心气压极度减小所吸引，在靠近地面几十米时，地面气压急剧下降，气流从四面八方被吸入涡旋底部，因此，有旋转的沙尘和碎物出现在可见云层下的地面上，然后，地面的风速急剧上升，从而形成龙卷风。

（2）强烈且连续旋转的漏斗状乌云出现在天空。

即将形成龙卷风时，天空中旋转的乌云会携风带雨，甚至携带着冰雹从天而降。龙卷风的出现和消散都非常突然，由于受过境气流的影响，会进一步加强大气的不稳定性，产生强烈上升气流。

（3）风向迅速变换不定的同时伴随着雷雨、冰雹。

在形成龙卷风前，雷雨云里空气扰动得比较厉害，上下温差比较大，气温在地面可达25℃，而在高空则可低于零摄氏度，强对流产生的这种积雨云使得风向不断地迅速变换。

3.躲避龙卷风的方法

（1）躲避在牢固的地下室。

人们发现，龙卷风经常是忽而着地忽而腾空地前行，具有跳跃性行进的特点。此外，龙卷风过后会有一条狭窄的破坏带遗留下来，奇怪的是，有时即使近在破坏带咫尺，物体也不会有所损伤。所以在遇到龙卷风时，人们切莫惊慌失措，而要镇定自若，积极地思考躲避的方法。混凝土建筑的地下室无疑是最安全的躲避之地，但是，地下室并非随处都有，如果不能找到这样的躲避场所，或已经来不及躲避，也要尽可能地抓紧时间往低处走，千万不要待在楼房上面。此外，相对来说，待在密室和小房屋要比大房间安全得多。

混凝土建筑的地下室是最安全的躲避地

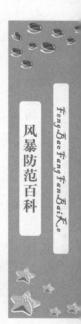

（2）躲避在靠近大树的房屋内。

树木大概有一定的挡风作用，迄今为止，人们只见到大树被龙卷风拦腰折断或连根拔起，并没有看见过树木被"抛"到远处的情景。1985年6月27日，内蒙古一户农民家的一棵大树被龙卷风连根拔起，此树直径大于1米，高10多米，在其附近，还有两棵大树被生生折断，而离大树有3米之距的房屋却丝毫无未损。但是，距离这家30米远处的6间新盖砖瓦房，却因没有树木栽植在旁边而被龙卷风吹毁。由此可见，抵御龙卷风袭击的一个好方法就是在房前屋后多植树。

（3）藏身在与龙卷风路径垂直方向的低洼区。

如果龙卷风来袭时，你正巧在野外乘汽车，这非常危险。因为龙卷风不仅能吸起"吞食"沿途的人或汽车，还能使汽车内外产生很大的气压差而引起爆炸，所以，当龙卷风来临时，千万不要滞留车内，应该火速弃车并前往附近的掩蔽处躲避。假如此时已经来不及逃远，也应该沉着冷静，迅速找一个与龙卷风行径方向垂直的低洼区俯卧下来，再将两手放于脑后呈防护姿态。因为龙卷风好像百米冲刺的运动员一样，总是"直来直去"的，它要急转弯非常困难。

4. 龙卷风的监测预警与防御

像某些地震一样，龙卷风是无法准确预测的。这是因为，从动力学上来讲，对其发生发展的机理还不十分明了，同时，由于尺度太小，通常的常规气象观测网很难捕捉到它，所以，现在获取的有用信息主要还是来源于对它的监测。近年来，由于一些研究人员的勇敢和执着，龙卷风这块"幽灵"的腹地为人所探知，人们逐渐揭示出了它的形成、特性以及爆发的机理，且提供了充分的理论依据对其进行预测。

龙卷风一旦形成，就可以跟踪其发展过程，而且在其有可能靠近的时候，人们就会收到预警。在若干年以前，人们就注意到了或许龙卷风已经出现且正在逼近的第一个标志——独特的咆哮声。只要听到这种声音，人们就会四散跑开，希望在龙卷风到来之前，能找到可以躲避的地方。随着现代气象学的发展，人们已经能对龙卷风进行预测，因此，对于龙卷风的来袭，人们就可以有一定的时间提前做出准备。比如，美国国家气象局可以在龙卷风的漏斗及地后到达有人居住地区的前6分钟发出警报。这段时间看似不长，但由于之前就已经发出了龙卷风可能来袭的警报，所以这6分钟的时间绝对是可以救命的。随着科技的发展，相信在不久的将来，这一安全时限还会有明显的提高。我国由于不是龙卷风灾害的主要发生地带，目前还没有专门的机构和人员进行龙卷风研究。

（1）龙卷风的监测工具。

龙卷风具有发生突然、寿命不长，且伴有巨大威力的特点，对其进行监测非常困难，但是，龙卷风的追踪者却进行着这项光荣而艰巨的研究工作。通过无线电探空仪和无线电探空测风仪，他们可将其带回的资料进行分析，判断哪些地方可能会发生龙卷风，同时驱车赶往，但并不是每次都能

风暴防范百科
FengBaoFangFanBaiKe

成功。如果幸运的话，他们就可以在龙卷风来临前的几分钟时间内从车上卸下仪器，将其安装在龙卷风即将经过的路径上，然后在龙卷风到来之前迅速离开。这样，人们就可以通过仪器所记录下来的各项参数指标了解龙卷风的特性。但是，这种监测方式存在着极大的危险性。

1960年4月1日这天，历史上第一颗电视红外观测卫星被发射进入了地球轨道。它绕着地球旋转，由此，地面站可以接受其经过的狭长的陆地和海洋的电视画面，这一技术预示着龙卷风的监测有了新的开端。现在，很多气象卫星旋转在地球周围，可以把大量详细而准确的数据传递给地面。气象卫星可以全天候地进行观测，而且几乎没有观测不到的空白地带。但是，这类观测仍有一个弊端，那就是，从卫星图像上只能看到云的分布，而很难知晓云体内部的情况。

值得庆幸的是，随着科技的发展，这一问题也随之迎刃而解，那就是雷达的广泛应用。雷达可以研究积雨云，特别是专门设计来研究云的雷达，不仅能够观测云的形成、云块的高度和厚度以及云内水和冰的含量，而且还可以从雷达反射波了解雨点的位置、雨点的密集程度。气象学家认为，当在降雨图上看到一个独特的钩子形状时，就表示云中有中气旋，预示着龙卷风可能来临。目前，风在云中旋转的速度可以由多普勒雷达直接测量。被称作下一代天气雷达的美国气象观测网络中有一个覆盖全国的多普勒雷达系统，由它提供的三维图像，可以非常清楚地分辨200千米以外的天气，322

千米以外的天气分辨率则稍逊一筹。结合运用气象卫星和雷达，可以有效地连续监测龙卷风的发生、发展与消亡。

（2）龙卷风的预测方法。

由于各种龙卷风的范围都很小，且寿命不长，给科学研究和预报带来了很大的困难。但是，只要留心观察，就会发现，在龙卷风到来之前，总会有一些值得注意的天气现象和特征出现，比如，大气在龙卷生成前很不稳定、气压会显著降低、云系对流旺盛、云的底部扰动十分厉害等，这些现象的出现对于龙卷风的预报有一定的帮助。另外，发现并追踪龙卷风，气象雷达功不可没，300千米外的积雨云都可以被它观测到，一旦与龙卷风相关的钩状回波出现在雷达中，警报就会发出。并不是所有龙卷风的出现都会有明显的钩状回波，想要得到更可靠的龙卷风信息，还要采用雷达和目视相配合的方法。在观察者发现龙卷风后，应该立即向气象部门报告，然后，气象部门要做出相应措施，首先要做的就是用雷达对龙卷风进行跟踪，随后尽快对其移动路径上的居民和单位发布警报。

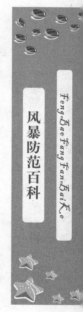

风暴防范百科 FengBaoFangFanBaiKe

20世纪60年代，随着气象卫星的出现，预测龙卷风的探测工具又得以更新。在监视龙卷风的发生时，同步卫星拍摄的云图起着极为重大的作用。与其他观测工具相比，卫星观测可以昼夜进行，并且能看到更小的目标。假若把雷达和卫星结合起来，龙卷风的变化就能被连续观察到，而且，在龙卷风发生的前30分钟就能够发出警报。

大量的龙卷风常爆发在美国俄克拉荷马州，致使生命及财物损失严重。20世纪90年代，为了有助于探测和预测龙卷风，美国国家航空航天局的科学家们开始利用光学瞬间探测器在地球同步轨道记录和观察发生在美国的闪电。1999年5月，有70多个龙卷风产生于一连串的雷暴。当雷暴分别在堪萨斯州、德克萨斯州和俄克拉荷马州出现时，美国国家航空航天局的热带雨量测量任务卫星经过6个"超级细胞"，用卫星上的闪电影像感应器记录到的闪电活动每分钟90多次，而且其中绝大部分的闪电发生在云中，但是，当这些"超级细胞"演变成龙卷风以前，由于下沉气流在孕育龙卷风，闪电的次数迅速减少。因此，监测闪电发生的次数和模式才能准确预测龙卷风。

（3）龙卷风的警报。

大多数国家的气象局都会发布危险天气的警报，但只有美国等少数国家的气象学家特别关注于可能出现的龙卷风。他们会对卫星云图进行仔细地分析，在云的形成过程中寻找表明涡旋存在的钩状云系。他们还分析多普勒雷达扫描的结果，借此了解云块的内部旋转与否以及旋转时的速度。美国阿拉巴马州大学的专家，利用龙卷风的雷达图像可以研究出精确的风暴预警方法，该方法可以把强龙卷风来袭的时间及地点更为及时而准确地提供给民众。

龙卷风警戒是气象学家最先发布的警报，它代表还没有真正观测到龙卷风，但是，只要有合适的条件，在几小时内，它们就会形成。龙卷风警报是第二种警报，它代表你所在的区域已经出现龙卷风。此时，你要做的就是必须马上躲到一个安全的地方，就算龙卷风最终没有来临，也会有出现大雨、冰雹和闪电的可能性。龙卷风警报通常有逐县警报、地毯式警报等，为了尽量使危害减轻，通常还不得不经常发较多的警报，至少这样好过漏发警报所带来的结果。

美国的龙卷风、强雷暴的监测、预报和警报进展都有了大幅度提升。预报方法从经验预报为主到以物理因子为基础，随着不断增强的交互计算机处理能力，也大大提高了预报员评估强对流天气出现可能性的准确率。比如，从1973年到1996年，强对流天气监测准确率从63%提高到了90%。而美国因龙卷风死亡的人数，从1961～1970年间的972人，下降到1971～1980年间的590人，而1987～1996年间，则下降到了430人。

5. 龙卷风来临前的应对措施

在龙卷风来临时，人们会因为无知或防范准备不充分而出现恐慌，从而采取不适当的行动，造成严重的后果。为了防患于未然，平时人们就应居安思危，了解并掌握一定的安全应对措施，重视龙卷风的防御作用。那么，应该做好哪些应对措施呢？（1）了解龙卷风在自己居住地区的发生频率和社区为此进行的安排。（2）了解并掌握一些实用的躲避龙卷风的方法，可以及时有效的避险。（3）准备好能够应急的生活用品，放在附近或可以躲藏的地方，并且要进行定期的检查和更换。

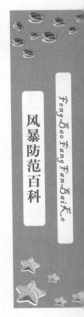

风暴防范百科

FengBaoFangFanBaiKe

（四）沙尘暴的防范与监测

1.怎样防范沙尘暴

关注气象预报，及时做好防范沙尘暴的应急准备。遇到沙尘暴天气，要及时关闭门窗，尽量避免室外活动。必须在室外活动时，要使用防尘、滤尘口罩，戴头巾或帽子以有效减少吸入体内的沙尘。要戴合适的防尘眼镜，穿戴防尘的手套、鞋袜、衣服，以保护眼睛和皮肤，勤洗手和脸（尤其是进食前）。

在沙尘天气时，应该多喝水，多吃清淡食物。在沙尘暴多发季节，天气普遍较干燥，加上扬尘，皮肤表层的水分极易丢失，造成皮肤粗糙，尘埃进入毛孔后易发生堵塞，若去除不及时，可能会引起痤疮，过敏体质的人还容易发生各种过敏性皮炎及皮疹。多饮水能及时补充丢失的水分，加快体内各种代谢废物的排出，对皮肤保健和全身健康都是非常有益的。

身体免疫力较差者以及患有呼吸道过敏性疾病者要加强自我监护。沙尘暴天气最好不要外出，一旦发生慢性咳嗽伴咳痰或气短、发作性喘憋及胸痛时就要

沙尘天气应该多喝水

尽快就诊，求助于专业的医护人员，并在其指导下进行相应治疗。

2. 沙尘暴天气等级

随着沙尘暴天气的日益严重和我国对沙尘危害的进一步重视，国家相关部门制定了新的国家标准的《沙尘暴天气等级》，把沙尘天气分为以下5级：

（1）1级浮尘。

浮尘天气是指当天气条件为无风或平均风速小于或等于3米/秒时，尘沙浮游在空中，水平能见度小于10千米的天气现象。

（2）2级扬沙。

扬沙天气是指风将地面尘沙吹起，空气变得混浊，水平能见度在1～10千米以内的天气现象。

（3）3级沙尘暴。

沙尘暴天气是指强风将地面尘沙吹起，空气变得相当混浊，水平能见度小于1千米的天气现象。

（4）4级强沙尘暴。

强沙尘暴是指大风将地面尘沙吹起，使空气变得非常混浊，水平能见度小于500米的天气现象。

（5）5级特强沙尘暴。

特强沙尘暴是指狂风将地面尘沙吹起，使空气变得特别混浊，水平能见度小于50米的天气现象。

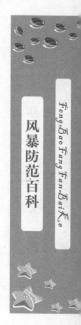

风暴防范百科

FengBaoFangFanBaiKe

三、风灾的自救与互救

（一）遭遇台风时的自救与互救

1. 遭遇台风袭击时的逃生自救法

台风期间，最好多待在坚固的建筑物内，尽量不要外出行走；必须外出时，应该弯腰将身体蜷成一团，以减少受风面积，一定要穿上轻便防水最好是绝缘的鞋子和颜色鲜艳、紧身合体的衣物，把衣服扣好或用带子扎紧；台风常伴有大雨，大风天气一定不要打伞，最好是穿上雨衣，戴好雨帽，系紧帽带。

行走时，应一步一步走稳，顺风时千万不要跑，否则很容易停不下来，甚至还有被狂风刮走的危险；如果有栅栏、柱子或其他稳固的固定物等可以帮助稳定行走的物体，一定要抓好；但要注意远离电线杆和掉落在地的电线。

在建筑物下面或建筑物密集的街道行走时，要特别注意高空落下物或不明飞来物，以免被砸伤；尤其是走到道路拐

穿上雨衣，戴好雨帽

角处时，要停下来仔细观察确定没有危险时再走，留意不要被刮起的飞来物击伤；经过狭窄的桥或高处时，极易被刮倒或落水，若一定要在其上通过时，最好的姿势是伏身爬行。如果台风期间夹着暴雨，要密切注意路上水深，防止地面看不见的水坑或旋涡，最好是有个木棍或竹竿一步一步探好路再行走。儿童和青少年千万不要在水中嬉戏游玩，也不要独自在水中行走，被水淹没的道路危机四伏，千万要小心。

在海边遭遇台风时，如果不慎被刮入大海，一定要想办法朝岸边的方向游回，防止被海浪冲远，无法游回或体力不支时要尽可能地寻找漂浮物，保持体力以待救援。

一阵强台风刮过之后，地面会风平浪静一段时间，但风暴并没有结束，所以一定不要轻举妄动，要继续待在房子里或原先的藏身处。一般来说，这种平静持续不到一个小时，风就会从相反的方向以雷霆万钧之势再度横扫过来，如果你是在户外躲避的话，那么这时就要迅速转移到原来避风地的对侧。

如果需要及时转移避灾地点，一定要把握好时间，尽量和朋友、家人在一起迅速离开，可以到地势较高的坚固房子，或事先指定的洪水区域以外的地区。台风发生时，如果你是在移动性房屋、危房、简易棚、铁皮屋内，趁此短暂平静时间，要迅速转移到安全地带。但不要靠在围墙旁避风，因为台风刮倒围墙会导致人员伤亡。把你的撤离计划告知邻居和在警报区以外的家人或亲友，以备及时的救援。准备转移时也要注意安全，防止地上断落的电线或岌岌可危的建筑，千万不要为赶时间而冒险趟过湍急的河沟。

2. 台风期间外出时应该注意的事项

（1）远离海边，注意身边易倒易碎物。

在暴风雨期间，要远离迎风门窗，若非迫不得已，尽量不要外出。假如非出去不可，也尽可能不要接近海边。在遭遇很大的风力时，应尽量弯腰，同时留意道路两侧的易倒物，如围墙、行道树、广告牌等；从高大建筑物旁经过时，要小心从空中坠落下来的玻璃碎片、阳台花盆等，也要注意树倒枝折、电线杆倒杆断线、公路塌方等情况。

（2）开车外出时的注意事项。

如果在暴风雨期间开车出门，首先要检查刹车、雨刮器、各种灯的运作是否完好，以避免在关键时候出现问题；开车时要集中注意力，为了防止车辆侧滑跑偏，遇到情况时不要猛踩刹车；遭遇大雨、暴雨时，要开启启雾灯；跟车不要过近，要减少频繁并线；转弯时应该把车速减慢，并轻轻转动方向盘；涉水时与前车保持距离，不要与之同时下水，以防前车因故急停车；路面有积水时，不要"勇往直前"，应该探明积水的深浅后再决定是否驾车通过；在山区的公路上行驶时，要随时留意山体滑坡情况的出现。在对周围的情况作出一定的观察后再决定是否停车，比如，是否处于露天广告牌附近，停车处附近的楼上有没有容易坠落的花盆、杂物等，另外，要远离锈迹斑斑的空调外机。如果选择在地下车库停车，那么，也一定要事先确定车库是否具有完善的排水系统，否则，你就有可能在台风过后到水里去捞车。

（3）带着雨具骑车要特别谨慎。

假如在暴风雨期间骑自行车出门，雨具是不可或缺的，不过，骑车带雨具也有一定的讲究。有些技术好的人在骑车时喜欢用一只手把着车龙头，一只手拿着雨伞，这种违反交通规则的做法本来就不该用，在台风天气中，这样做更危险。那些习惯用雨披的市民，在出门时最好用夹子把雨披的前摆固定在车

戴着雨具骑车要谨慎

筐上,这样一来,就算风吹的再厉害,也不会出现雨披随风把脸盖住的危险情况。

3. 台风来临时的自救与互救

（1）暴雨来临前将电源插头拔掉。

为了防止遭到雷击,在暴雨来临之前,要将各类电器的电源迅速切断。因为电波会引来雷电的袭击,所以,在雷雨天不要使用手机、收音机等无线工具。

（2）避风避雨地点要慎重选择。

在台风来临时,千万不要在容易造成伤亡的地点避风避雨,比如,危旧住房、工棚、树木、铁塔、脚手架、电线杆、广告牌、临时建筑等的下面。如果所住的房屋抗风能力较差或是危房,最好到亲友家中暂避。为了确保人身安全,民众应该听从当地政府部门的调度,如果要求撤离,要立即撤离,以确保人身安全。

（3）迎风一侧的窗门禁止打开。

台风来临时,迎风一侧的窗门千万不要打开,否则强气流进房内有可能会吹倒房子。要关严门窗,对于玻璃门窗和铝合金门窗要特别注意,应当采取适当的防护措施。如果玻璃有裂缝或松动状况,为了防止被风吹碎后四散开来,可以在玻璃上贴上胶条用以固定。千万不要逗留在玻璃门、玻璃窗附近。在台风来袭时,老人、孩子尽量不要出门。假若只有老人或孩子单独在家,那么也一定要想法提醒他们紧闭的门窗不能随便打开，也不要随意接近窗户，以免强风把窗户吹成玻璃片弄伤他们。

（4）从危险的堤塘内转移到安全地带。

台风能够引发风暴潮，江塘堤防、涵闸、码头、护岸等设施很容易被冲毁，甚至附近的人员都有可能直接被冲走，为避免造成人员伤亡，沿海渔船应该回港避风。沿海地区从事塘外养殖和处于危险堤塘内的群众要赶在台风来临前及时转移到安全地带。

（5）要防范泥石流、山体滑坡等地质灾害出现。

如果刚好处于海边或山区，要注意把屋内积水及时排除掉，要提防因大风和暴雨引发的泥石流、山体滑坡和地面沉降等地质灾害造成人员伤亡。一旦发现泥石流、山体滑坡等地质灾害的征兆时，要当机立断，快速地撤离危险区，同时要尽快向有关部门报告，使周围居民也有充分时间进行撤离。

（6）安全信号没有撤除时也要小心留意。

在解除台风信号以后，撤离地区宣布为安全区域后，才能够返回，而且不要涉足危险和未知的区域，应该遵守规定。在安全尚未得以确定时，不要随意使用煤气、自来水、电气线路等，同时，要随时随地有发生危险时求救于有关部门的准备。

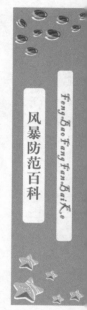

风暴防范百科

Feng-Bao-Fang-Fan-Bai-Ke

4. 台风的安全自救

台风灾害是世界上最严重的自然灾害之一，平均每年死亡2万人左右，造成经济损失达60亿～70亿美元。全球每年出现的台风大致有60次，其中大约76％发生在北半球。我国是世界上遭受台风影响最多、最广、灾害最严重的国家之一。影响我国的台风平均每年约有20次，其中登陆的约占40％，是日本的2倍、美国的4倍。据统计，我国受台风的影响，平均每年损失达30多亿元。

一般来说，在台风到来之前都会有台风警报，此时要做到：

得到警报后不要再到海边游泳或驾船出海，在外人员要尽快回家。因为海边最危险，台风破坏力也最大。

准备好足够的食品、蜡烛和水，台风可能会打断数天的正常生活。

准备好食品、蜡烛和水

地势低洼处的人一定要躲到台风庇护所；各种船舶要驶进避风港。电线附近的居民尤其要注意安全。

加固屋顶，关牢窗户，要做好玻璃被打破的准备工作。一般来说，台风侵袭时待在家里最安全。

强风过后，天色会变得晴朗些，此时千万不要误认为台风已过，此时仍需待在家里，因为更强更猛烈的暴风骤雨会紧随而来。

如果你正处在野外高地，此时请待在原地，在台风中行走是极其危险的。

台风过后，掉在雨洼里的电线可能带有电，要小心闪避。

另外，还要注意做好卫生防疫工作。

5. 台风中行人的自救要领

城市街道公共设施复杂多样，台风来临时易对人、物造成伤害，所以最好呆在家中。如果一定要外出的话，谨记一下台风自救要领：

外出时尽量穿上雨衣、雨靴或紧身衣裤，以减少受风面积。千万不能打伞。

不要在高墙、广告牌及居民楼下行走，以免发生重物倾斜或高空坠物等突发事件。

远离高大树木、棚子、架子、架空的电线等，看见倾斜及倒下的电杆等输电设施，要远远绕行，以避免触电。不要

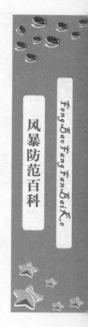

风暴防范百科

Feng Bao Fang Fan Bai Ke

以为不冒火花的电线就没有危险。

远离高层施工现场，不可靠近塔吊或工地围墙。

注意街道积水。街道形成较深积水时是很危险的，要留意积水中是否出现旋涡，防止落入窨井，也不要在道路边缘行走。

风大造成行走困难时，可就近到商店、饭店等公共场所暂避，最好是选择坚固建筑物的最下面一层。

6. 台风中驾车的注意事项

台风天气时，尽量不要驾车外出，如果不得已驾车在外，一定要保持低速慢行，这是最安全的办法。如果没有找到更好的避灾场所，尽量待在车里以躲避狂风的吹袭、不明物体砸伤的危险。

台风中行车要注意安全

风中驾车注意事项：

车辆要停放在地势较高、空旷的地方，在进入停车场时，先要了解车库排水设施是否完善，以免被水淹没。车辆不要停留在广告牌、枯树和临时建筑的下面，以防高物掉落。

台风季节，汽车在高速公路行驶时，要时刻关注风的走向，特别要注意的是从车辆侧面刮来的风，尽量保持低速驾驶，如果车速过快，很容易翻车。

路面积水较深时，最好绕行，绕不过去时，要小心驾驶，不要猛加油门，因为不知路面积水中是否存在障碍物，而且刹车片浸在水中，会影响制动效果，来不及刹车避险。

台风期间驾车应减速慢行，保持与前方车辆的距离。行驶中遇强风侵袭，就近选择没有高空坠物危险的停靠，不可强行驾驶。

在台风中行驶，一定要保持警惕，集中注意力，注意密集建筑物的街道是否会有高空物体坠落，注意路上慌乱躲避的行人，不要与急于赶路的行人抢行。

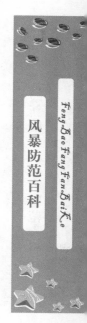

7. 台风中不慎被卷入海里的自救方法

如果台风中不慎被卷入风浪里，这时候一定不要试图逆流而游，否则，即使游泳技术好，也很容易出现危险。

千万不要慌乱，保持镇定是最重要的。不可胡乱挣扎、拍打。要拼命抓住身边任何有漂浮力的物体，如漂浮的木头、家具等物品。

落水前深吸一口气，落水时不要挣扎，自然的浮力会很快让你浮上水面，此时要借助波浪的冲力不断蹬腿游动，尽量观察好浪头的方向，浮在浪头上趁势前冲，奋力游回岸边。

浪头到时挺直身体，仰头，下巴前伸，使口鼻露在水面，双臂前伸或贴紧身体平放，身体像冲浪板一样；浪头过后一面踩水顺力前游，一面观察后一浪头的动向。

大浪接近时，游泳技术好的人可深呼吸趁势潜入浅海海底，把手插在沙层中固定住身体，等到海浪涌过后再露出水面，辨清方向及时游回岸边。

8. 航海船只在台风来临时如何避险

船只在海上航行时，最可靠的避险方法是不与台风正面相遇。如果已经避之不及，可以采取"停、绕、穿"的方法紧急避险。

航海船只海上自救要领：

船只在海上航行或在海上作业时，要注意收听附近地区气象台的气象预报，及时了解海风、海浪情况。

保持与陆地指挥系统的联络，以便台风来临时能及时安全的避开台风的突袭。

已经出现台风前兆或台风预警时，尚未出港的船只必须推迟出航时间，待风暴过后再出航；而已经在海面航行的船只，则可以根据台风的移动方向和范围，适当地改变航线，绕道而行，或抢在台风到来之前迅速穿过危险区域。

9. 航船处在台风中心如何自救

如果航海船只已经处在台风中心，那么，最好的办法是顶着风前进，以求脱离险境。

首先要保持镇定，弄清船只在台风中的位置，并尽快与海岸指挥部联系，及时发出求救信号。

根据风压定则，迅速果断地采取驶离台风中心区的措施：如果船只处在热带气旋前进方向的右半圆（即危险半圆）内，就向风向对右舷船首的航向行驶；反之，则朝着风向对右舷船尾的航向行驶。

若船只处在热带气旋的前部，而且在热带气旋行进路线上，也应该采取风向对右舷船尾的航向行驶。

切忌抛锚关机停滞漂浮在海面，否则很容易翻船。

（二）遭遇龙卷风时的自救与互救

1. 龙卷风来临的防护手段

掌握必要的龙卷风避险知识，可以最低限度地降低龙卷风造成的损失。其中，减低龙卷风侵害的最好方法就是远离它，但是，不要单纯地以为骑车或者利用高速行驶的工具就可以躲避龙卷风。在龙卷风的多发地段，了解并掌握一定的关于龙卷风在不同条件下产生状况的避险知识，做好必要的防护准备工作，是必不可少的。那么，在龙卷风来临前要做哪些准备工作，在其来临时又要采取什么样的防护手段呢？

风暴防范百科 *FengBaoFangFanBaiKe*

首先，在龙卷风的多发地域，必须有坚固的地下或半地下掩蔽安全区建设用以躲避龙卷风，而且，在龙卷风多发时节，要收听天气预报，防范于未然。

如果预报龙卷风即将来临，要准备保暖的衣物、卫生方便的水与食品等物资。

龙卷风来临前，要把地面上的一切活动都停下来，不要躲避在活动的房屋或不固定的物体旁，要远离线杆、树木等易被刮起来的物体。

减低龙卷风的侵害

在龙卷风来临时，如果你正在室内，那么，要面向牢固的墙壁作蹲伏状，用手或其他可利用的物体保护好头部。

如果在室外，应迅速在附近的低洼处趴下，闭上口眼，同时用手臂保护好头部，以防被卷起的物体砸中。

2. 龙卷风来临时的安全自救

龙卷风旋转速度达每小时620千米左右，地面直径一般为25～50米，移动速度每小时50～65千米，会给所经之处造成毁灭性的破坏。

龙卷风到来时，应待在最坚固的庇护所里，如地下室、水泥屋。要远离窗户。

不要待在车里或大篷里，因为它们会被龙卷风吸入空中。

看准龙卷风到来的方向，朝风的垂直方向逃跑。

如果你没有办法躲开，最好躲在沟渠中或地面低洼处，用手保护好头部。

3. 龙卷风来临时的自救措施

龙卷风有上天入地的跳跃性前行的特点，还有一定的运动轨迹，过后会留下一条明显的狭窄破坏带，在破坏带旁边的物体即使近在咫尺也不受影响，所以遇到龙卷风时，不要慌乱，要想办法观察龙卷风的运动轨迹，采取积极的措施躲避风灾，躲避的方向要与其运动路线成直角方向，避于地面沟渠中或凹陷处，蹲下或平躺下来，用手遮住头部。

龙卷风在移行时，近地的漏斗状云柱上部往往向龙卷风前进方向倾斜，见到这种情况时，应迅速向龙卷风前进的相反方向或垂直方向回避，假如龙卷风从西南方向袭来，就向东北方向的房间或低洼地带躲避，最有效地措施是采取面壁抱头蹲下的姿势。躲避龙卷风最安全的位置是与龙卷风来向相反的方向，即东北方向较西南方向要安全得多，因为西南方向的的内墙很容易向内塌。

在龙卷风多发地带，每个家庭平时应掌握一些龙卷风的避灾知识，提前规划安全避险的撤退路线和场所，最好能够提前进行演习。

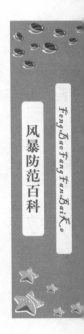

风暴防范百科

Feng Bao Fang Fan Bai Ke

在家时，要牢牢关闭所有门窗。有人说打开一侧窗户，使房屋内外气压差相等，从而可以防止房屋倒塌。这种说法并无科学根据，龙卷风并不会乖乖的沿着你家两侧窗户的路线行进。

要防止房屋在风雨中倒塌，可以在所有门窗上安装玻璃防风棚。龙卷风的风速强大，所以即使是从门窗缝隙进入屋内也应该引起重视，做好防范措施。具体做法是：根据每扇窗户和每个玻璃门的现有长度，将长和宽都增加20厘米，即门和窗的每侧各增加10厘米，这样就可以用胶合制成防风棚。同时要加固门锁以保证能经受住猛烈的风暴袭击。

在家中避灾时候要远离门、窗和房屋的外围墙壁，最安全的是迅速躲到混凝土建筑的地下室或地窖中。如果没有地下室或地窖，应尽量往低处走，而不能待在楼房上面，要躲到与龙卷风方向相反的小房间或坚实牢固的家具什物下抱头蹲下，但不要待在重家具下面，防止被砸伤。应尽可能用厚软的外衣或毛毯等将自己裹住，以防御可能四散飞来的碎片。相对来说，小房间和密室要比大房间安全。

不要匆忙逃出室外，尽量在屋内寻找安全地带。如果已经离开住宅，则一定要远离危险房屋和活动房屋，向垂直于龙卷风移动的方向撤离，藏在低洼地区或平伏于地面较低的地方，保护头部，同时注意被水淹的可能性。在电杆倾倒、房屋倒塌的情况下，必须及时切断电源，防止人体触电或引起火灾。如果待在屋外，千万要注意不要被随风乱飞的杂物伤害或被卷向空中。

在野外遭遇龙卷风时，要快跑，但不要乱跑，应就近寻找与龙卷风路径相反或垂直的低洼区伏于地面抱头蹲下，远离大树、电线杆，以免被砸、被压或触电。

伏于地面抱头蹲下

开车外出遇到龙卷风时，千万不能开车盲目躲避，也不要在汽车中躲避，应该立即停车并寻找低洼地带躲避，防止汽车被卷走或因为汽车内外强烈的气压差使汽车爆炸。

龙卷风过后，还要继续密切留心关于龙卷风的最新预报。因为龙卷风往往是接连而来的。

大风中多发生触电事故，主要是由于大风刮倒的电线杆还有电流，或踩到被掩埋在树木下以及积水中的电线造成的。因此，大家在大风中外出行走时不要赤脚，最好是穿有绝缘材料鞋底的鞋子。在大风天气中行走时，要仔细观察地形、谨慎行路，以免踩到电线。一定要避免在电线杆、铁塔等电力设施附近走动，发现有垂落的电线时要绕行。

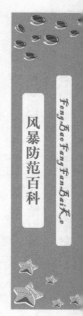

风暴防范百科

Feng-Bao-Fang-Fan-Bai-Ke

4. 适合躲避龙卷风的地方

最安全的位置是躲在坚固的地下室或半地下室的掩蔽处。也可以选择防空洞、涵洞。

高楼最底层、底层走廊和地下部位，既不会被风卷走，也不会被东西堵住，这些地方都适合躲避龙卷风。

在野外空旷处遇到龙卷风时，可选择沟渠、河床等低洼处卧倒或抱头蹲下。

不要到仓库、礼堂、临时建筑这类空旷、不安全的场所躲避，远离电线杆、危墙等可能对人造成伤害的地方。

5. 公共场所如何躲避龙卷风

在突发事件中，公共场所因为人群集中、建筑较多，所以往往都是重灾区。龙卷风到来时，在公共场所遭遇龙卷风，应该如何避险呢？

服从风灾处理机构的统一部署，有组织、高效率地迅速完成安全转移。不要慌乱，避免挤踏现象出现，保证个人安全。

来不及逃离时，迅速向龙卷风前进的相反或垂直方向躲避，龙卷风是不会突然转向的。可以就近寻找低洼处伏于地面，最好用手抓紧小而不易移动的物体，如小树、灌木或深埋于地下的木桩。

在学校、工厂、医院或购物中心这类公共场所时，要到最接近地面的室内房间或大堂躲避。远离周围环境中有玻璃或有宽屋顶等易受伤害的地方。

远离户外广告牌、大树、电线杆、围墙、活动房屋、危房等较易倒塌的物体，避免被砸、被压。用手或衣物护好头部，以防被空中坠物击中。

在屋外若能够听到看到或龙卷风即将到来时，应避开它的路线，与其路线成直角方向转移，避于地面沟渠中或凹陷处。不要在龙卷风前进的东南方向迎风躲避，否则极易遭到伤害。

6. 龙卷风核心的样子

龙卷风核心究竟是怎样的？恐怕看到的人很少能活下来。但也有例外，例如，有一个人曾有幸直视到龙卷风漏斗的内部而得以生还，这是因为龙卷风只有在及地时才是危险的，而恰恰龙卷风漏斗在靠近他时离开了地面。只要漏斗的底部不接触到它可能破坏的物体，那么就算它仍然在盘旋怒吼，也是无害的。

1928年6月22日下午，在美国堪萨斯州，凯勒先生的麦

龙卷风来袭

子被刚刚过去的一场雹暴完全毁了。他和他的家人面对着残余的庄稼，感到非常沮丧，完全没有注意到远处伞状的云正向他们靠拢过来，但因为空气潮湿且闷热，凯勒先生由此判断这可能暗示着龙卷风将要来临。也就在这时，他发现，从稍带绿色的黑色云底上垂下三个龙卷风，其中一个压下来的位置正对着他们，而且距离已经非常近了。

凯勒先生忙把家人集合到一处，往事先准备好的避风窖跑去。他让家人先进去，就在他准备跟进去关上门的时候，他回头看到两场龙卷风在远处平坦的田野上就像从云中垂下的巨大绳索。离他们最近的第三场龙卷风看起来是三者中最大、最猛烈的，它从暴风云的中心悬下来，呈漏斗形状，周围环绕着参差不齐的云。然而，此时龙卷风上升，底部开始离开了地面。凯勒先生知道他不会被这样情况的龙卷风伤害到，就算龙卷风突然下降，他也能马上跳到避风窖里。

龙卷风慢慢靠近，也慢慢升高。最后，整个漏斗悬在凯勒先生的正上方，于是他直接看到了漏斗的内部：环形开口，直径有15～30米，估算可见高度近800米，漏斗壁是围绕着中心旋转的云。他发现龙卷风里面的空气非常安静，但是漏斗里散发着一股强烈的味道，让人难以呼吸，从漏斗的

躲进避风窖

顶端发出尖锐的嘶嘶声，震耳欲聋。

　　凯勒先生很幸运。但这里要提醒大家的是，这并不意味着你因此就可以去冒险。因为龙卷风的升降没有任何规律可循，它能在一瞬间离开地面，也能在一瞬间从高空降临，成为一个突然出现的杀手。也许你看到的龙卷风是没有危险的，但在风暴狂潮中，可能还会有另外一场龙卷风在窥伺着靠近你。它的声音和形态都隐藏在混乱中，使你无法知道它的存在。所以，如果周围有龙卷风，最好最安全的办法就是马上找地方躲起来。

　　龙卷风的中心部分确实和台风眼一样，十分安静，大气压力很低，空气在这里缓缓地下降。螺旋上升的空气组成这个核心的周围部分，风在这里出现，将湿润的空气吸入螺旋中。随着气压的急降，水汽开始凝结成云。距离核心越远，风速越低。龙卷风除了有风和水的因素，还有电在其中活跃。超级单体风暴的底部带有负电荷，而高空存在正电荷，人们推测也许是正负电荷的摩擦，致使龙卷风漏斗中产生闪电。也有另一种说法，说龙卷风漏斗中的电是来源于龙卷风自身的高速旋转，它自己就好似一个强大的发电机。

　　有时，我们会看到整个光彩夺目的龙卷风。例如，在1955年5月某一天的美国俄克拉何马州，降临的龙卷风顶部如同一个五彩火轮在转动，下面橙色，好像火从底部喷发；上面蓝色，似是被从里到外地照亮着。

　　目前，科学家们对这些光还未作出完整的解释。

7. 神奇的龙卷风

（1）尼斯湖水怪是水魔吗。

世界上的许多大湖中都存在着水怪的传说，尼斯湖算是比较著名的一个，它长约37千米，宽600多米，深230米，周围山丘上冲刷下来的泥炭已经把湖水染成了黑色，使得尼斯湖又暗淡又神秘。看到水怪的人和学者们对尼斯湖水怪给出了许多种解释，其中引起我们注意的一种是：尼斯湖水怪只不过是由于天气突变而出现的湖水自身的异常运动。

如果这个观点是正确的，那么"水怪"本身的组成物质就是水本身，这倒可以解释为什么"水怪"可以在湖水中销声匿迹，就算在刚刚消失时，也不留丝毫踪迹的原因。难道人们看到真的是"水魔"，而不是潜伏在湖底深处的大型动物吗？当然这并不能肯定，因为到目前为止，我们还不能

尼斯湖水怪

找到一个具有充分说服力的证据来证明尼斯湖中到底是"水怪"还是"水魔"。

何谓"水魔"？它并不是怪物，而是由天气突变形成对流或是风引起的一种自然现象，相当于水上风暴，但是规模小，也不怎么猛烈。水魔的形成需要一定的条件，当湖两边有一高一低的悬崖时，强风从低悬崖吹到高悬崖的上空，其间经过湖面，若是在此时空气顺着高悬崖的陡面并向下发生偏斜，从湖面上返回，就会形成一股方向与主风向相反的气流，两道气流在湖面上相冲突，由此形成风切变，这股力量常常会促使发生偏斜的空气开始旋转，并在涡度和角动量守恒共同作用下形成涡旋。

现在我们想象一下，如果一个湖里出现了水魔，它是不是很像水怪呢？长长的脖子，小小的脑袋，底部大片的水花和泡沫好像暗示着它有一个庞大的身躯。然而，很多时候它也许只是水魔，因为它们的出现不可预测，因此这更增添了它们的神秘感，让人们争论不休。其实，要辨别水怪与水魔，只需在它出现时看看它的"脖子"的底部。若是有泡沫在水面泛起，它很有可能只是水魔，所谓的"身体"是由螺旋中的空气卷起的水构成的。

水魔并不都是规模小、不危险的。看起来温和的水魔临近眼前时，也往往存在危险，而且水魔的大小与风的强弱有关。

由上面水魔的例子，我们可以知道，龙卷风不只发生在地面，也发生在水里，当真正的龙卷风与水结合在一起的时

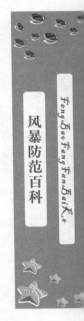

风暴防范百科

Feng Bao Fang Fan Bai Ke

候，就被称作龙卷风性水龙卷。

（2）水龙卷。

水龙卷与水魔有相似之处，但要比水魔的规模大得多，导致水龙卷形成的风不是呈水平方向流动的，而是因为对流而形成的旋涡。水龙卷出现的时间、地点不定，多发于温暖水域，在海洋上更为普遍，大型湖泊上也时有发生。在美国的佛罗里达群岛一带和加勒比海，水龙卷十分普遍。

龙卷风性水龙卷，具备龙卷风形成的条件，当龙卷风从包含着中气旋的积雨云中垂下时恰巧经过海面，那么龙卷风就转变成了水龙卷。它与陆地龙卷风唯一的区别就是当它发生在水面时，卷起的不是陆地上的尘埃和固体物质，而是水，并在底部周围形成盘旋的云雾，叫做喷射环。此有一个特点就是颜色，无论在地面上的龙卷风呈现出什么颜色，一旦变成水龙卷，就会变成白色，这也是水的特性。

水龙卷的威力极大，若是携带着庞大水气的水龙卷返回陆地，将会给我们带来巨大的灾难。

（3）鱼雨。

在英语中，常常用"猫狗从天降"（rain cats and dogs）来形容雨下得特别大。也有些人认为，这种表达方法只是人们对古英语中"瀑布"（catedupe）一词的误传。其实这也不无道理，大雨如瀑的形容在我国也是存在的。有趣的是，在古时候，世界上很多地方的人都相信猫和狗是能够影响天气的。例如，在爪哇的一些地区，人们用给一只公猫和一只母猫洗澡的方法来求雨；而欧洲人则认为女巫会变成猫的样子在暴风雨中前行。苏格兰人则传说，海上风暴是女巫利用猫的帮助带倒人间来的。为什么会和猫有关系呢？我们猜想可能源于古代斯堪的纳维亚的神话，神话中说：世界之蛇潜伏在海底，有时会以猫的形象示人。而狗应该与大风和奥丁神有关。

"猫狗从天降"的形容方式看起来荒谬，因为没有人会相信猫狗能从天而降，但是下面这一则故事却给我们提供了一个有力的实证。

在20世纪初，爱尔兰作家和历史学家帕特里克·韦斯顿·乔伊斯将一则奇怪的故事收录在他的《爱尔兰奇闻》一书中。故事中事件发生的时间是1055年4月3日，这一天是圣乔治节，地点是爱尔兰吉尔伯干的罗斯达拉，现为都柏林以西约80千米的一个小镇。

乔伊斯正在写作《爱尔兰奇闻》

故事中是这样记载的："罗斯达拉的人们看到……一片锥形的大火，就像一座环形的钟楼，或我们现在所称的圆塔。大火持续了整整9个小时，火光照亮了周围的一切。在这段时间里，不计其数的黑色大鸟不停地从门窗飞进飞出……有时，一些鸟会突然俯冲下来，用爪子抓起挡住它们道路的猫、狗或其他任何小动物，然后飞到高空，再把已经死去的小动物扔回原地。"

看到这个故事，我们去除神话的夸张部分，认为这应该是一场龙卷风，而且我们也觉得这是可信的——在1055年4月3日这一天，罗斯达拉的确曾遭遇了龙卷风袭击。龙卷风的形状似尖顶或塔，因为内部的电，使其被红色的光照得通亮如火，如我们前面提到的1955年5月在美国俄克拉何马州的那场龙卷风。而那些黑色的大鸟，应该是被龙卷风卷入高空的碎屑。

这样看来，这似乎是一个事实，若这是一场强龙卷风，那么它就很可能用"爪子"将猫狗带到高空，再扔回地面。只不过回到地面上的"从天而降"的猫狗早已死去了。

再例如，1983年5月17日这一天，威尔士波厄斯郡附近的一块地里"飞"来了几只羊。据当地人说，这些羊可能来自于几百英尺以外的另一块田地，但它们不可能走过来，因为中途隔着一条河和几堵石墙。

飞在天空中的鸟儿也许会因为某种灾难而死亡落到地面，而原本生活在地面的动物怎么也不会从天上落下来，可是许多事实都在改变着人们的看法，因为它们确实发生了。这也许就是龙卷风的威力。

（4）从天而降的鱼。

2000年8月7日这一天，是一个星期日，在英格兰东部的海滨胜地诺福克郡的大雅茅斯迎来了一场奇特的西鲱鱼雨。整个事件似乎是这样的：首先是一声轰雷炸开，一道闪电

手绘新编自然灾害防范百科

彻天闪过，随后鲱鱼便开始落到了弗雷德·霍奇金家的花园里。起初霍奇金以为是下冰雹了，定睛一看才知道原来落下的都是5厘米左右的死鱼。

天降鱼雨并非仅此一例。

1666年复活节前的星期三，在英格兰肯特郡的弗罗萨姆也下了一场鱼雨，鱼不大，是小牙鳕鱼，只有小手指般长。

1859年2月9日，在威尔士格拉摩根郡的阿什山总共下了两场鱼雨，前后间隔10分钟，每场大约持续了2分钟，第二场比第一场落的鱼数量更多，落下的鱼主要是米诺鱼和刺鱼，鱼雨覆盖面积为803平方米。

1984年5月，在伦敦的东哈姆，下了鲽鱼和鳎鱼的雨。

鱼雨不仅仅限于英国境内，美国也有发生。1947年10月23日早上，在美国路易斯安那州的马克斯维尔，降落了一些

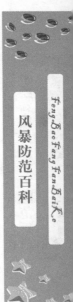

从天而降的鱼

淡水鱼，每条鱼长5～23厘米，有黑鲈、突眼鱼和美洲西鲱。

除了鱼雨之外，其他的水生动物也有可能被龙卷风运送到其他地方，例如，1881年5月28日，在英格兰的伍斯特市，大量的滨螺从天而降，它们大约有2.5厘米长，且可以食用。这种螺生活在岩岸的石头和海草间，但距伍斯特市最近的海岸也有80千米远。

1984年6月，在距离海岸40千米的约克郡的瑟斯克也降落了一场滨螺雨，有趣的是这次还附送了一只不可食用但能观赏的海星。

1892年，德国的帕德博恩经历一场塘蚌雨。

1870年，在美国宾夕法尼亚州的切斯特下了一场蛇雨。

1973年，在阿尔及利亚的阿尔及尔，有蛇从天而降。

1894年，在英格兰的巴思发生了海蜇雨。

1954年，在美国佛罗里达州的部分地区降落了大量的淡水螯虾。

（5）空中飞翔的蛙。

虽然鱼雨众多，但从天空降落的蛙类比鱼还要多，甚至可以用"数量惊人"来形容。1883年8月3日，在美国伊利诺伊州的凯罗市经历了一场蛙雨，无数小绿蛙从天而降，无论是停泊在密西西比河大堤的轮船，还是河边的树木、建筑和地面，全部被这种小蛙密密麻麻地覆盖住了。

1873年，在美国密苏里州的堪萨斯城也降落了蛙雨。

1954年6月12日，在英格兰伯明翰北部的萨顿—克德菲尔德的一个公园里，西尔维娅·毛戴正带着她的两个孩子游玩。忽然间，天空阴云密布，暴雨倾泻而下。没有缓过神来的西尔维娅·毛戴一家以为这降下来的硕大雨滴是冰雹，然而他们却发现这冰雹非常柔软。她11岁的儿子提莫西这时说道："妈妈，这不是冰雹，是青蛙，小青蛙！"

1973年1月2日，蛙雨还曾发生在美国的阿肯色州。

1973年9月24日，在法国的布里格诺尔斯发生了蟾蜍雨。

1864年，加拿大魁北克的一位农民在一个雹块里发现了一只小蛙。

（6）天上掉下来的坚果、海龟和饮料罐。

1977年3月的一天，在英格兰的布里斯托尔，许多榛子从天上落下来。1979年，英格兰的南安普敦上空落下一些豆子和植物种子。

天上掉下来的饮料罐

在美国密西西比州的维克斯堡不远的地方有个小镇——伯瑞纳。1930年，伯瑞纳发生了一次强雹暴，一只15厘米×20厘米大的穴居沙龟从天上掉下来。这只龟完全被包裹在冰里。

1995年7月的一天，在美国衣阿华州的基奥卡特北部，许多没有打开的饮料罐从天上落下来。这些饮料罐上都贴着标签，人们通过商标认定，这些饮料罐来自距离这里150英里的莫伯利的双双瓶装可乐厂。

像这样奇怪的例子有很多，不可能全都是骗人的。最具有可能性和说服力的解释是：它们都是龙卷风的杰作。我们再来回想一下毛戴夫人所描述的那段经历。天空阴云密布，暴雨如注，她和她的孩子跑着找地方避雨。在这之前天空还是晴朗的，而这时候可能是空气非常不稳定的时候。假如是塔状积雨云导致降雨，那么云中可能会含有中气旋，附近应该有龙卷风活动。如果龙卷风经过毛戴夫人和她的孩子所在的公园里的大湖，就会出现刚刚由蝌蚪发育而成的小蛙被卷到空中的情况。

水龙卷或龙卷风的漏斗能够为人眼所见，不是水从地表被升起的结果，而是因为其中的水汽发生凝结。强涡旋可以将包括水在内的各种各样的物体卷起。1935年，美国弗吉尼亚州诺福克发生了一场龙卷风，这场龙卷风经过一条溪流。龙卷风过后，所有的溪水以及水底的部分淤泥全都消失了。溪水与云中的水分融为一体，和淤泥相互混合后再度以雨的形式降落下来，这样人们既不会注意到水，也不会注意到泥。可是，如果被卷起的是蛙或鱼，它们的降落就会让人们感到惊讶。

古怪的物体从天而降的事件肯定会被报道，尤其是当从天而降的是动物的时候，人们更会觉得神秘难解。龙卷风经常出现在偏远的农村，人们很少去注意。当母云经过有人居住的地区，其上升气流的力量已经不能将沿途物体卷向空中时，龙卷风通常就已经消失了。然而，还是有一些谜令人难解。为什么蛙和鱼能够被龙卷风卷起，其他东西却不能被卷起呢？比如，在池塘的岸边以及河流和水底大量存在的沙砾似乎就从来没有从天上掉下来过。是不是因为石块在湿润的时候，相互结合得非常紧密，以致于无法被抬高呢？池塘中的植物好像也从来没有被从空中抛下来过。如果说是因为有些水生植物的根扎得很结实，好像也说不通，因为还有一些植物是漂浮在水中的。龙卷风为什么置它们于不顾呢？还有一点也很奇怪：鱼和蛙一般都是一起在一些特定的地方落下的，而龙卷风的碎屑最后却是散落在一片广大区域内的。

到目前为止，这些问题仍然没有答案。蛙、鱼以及其他的东西，甚至饮料罐偶尔会从天上掉下来，这是确定无疑的。类似的事件在历史上屡见不鲜，现代这样的事件还在发生。很多人都曾亲眼目睹过，所以我们有必要对此进行探索和研究。对于这些怪事的发生，目前，龙卷风是最有可能，也是最具说服力的解释。

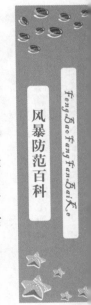

风暴防范百科
FengBaoFangFanBaiKe

（三）沙尘暴的自救与互救

1. 沙尘暴来临时的自我防护措施

沙尘暴来临时，应该立即停止一切露天集体活动，并及时有序地将人群疏散到安全的地方躲避。如果你在家中，要怎样才能减轻并防止沙尘暴的侵害呢？尽量安置好家中的老人、孩子和病人，不要待在高柜、高台下，以免被坠落物砸伤；将门窗关好，并用胶带等物将门窗处的缝隙封好，以防碎裂的玻璃伤人；如果屋里的能见度降低，为避免发生碰撞事故，要及时进行照明；备好防尘物品，如风镜、口罩等，以备不时之需。

从原则上来讲，沙尘暴来临时是不应该出去的，如果非出去不可，也应该有相应的自我防护措施：外出前，系好衣领和袖口，同时戴好防护眼镜及口罩，或用纱巾罩在面部，以抵御风沙对面部的侵袭；当你在马路上行走时，应该随时留意交通状况。行人在过马路时不要冒冒失失地横穿马路，要留意车辆的行驶状况，注意安全。骑自行车者在能见度低时，要下车推着走；要尽可能避开高层建筑、施工工地，以免被高空坠落物砸伤；远远地避开老树、枯树、围墙、危房、广告牌匾及高大树木，以防这些东西被风吹倒砸伤你。同时，也要远离水渠、水沟、水库等水域，避免发生落水溺水事故。

2. 风沙迷眼时的应对措施与避忌

沙尘暴来临时，眼睛往往是最易受风沙侵害的。如果被风沙迷了眼睛，不要习惯性地用手揉搓，试图将沙子揉出来，这样对眼睛有相当大的危害。而是要尽快用清水冲洗或滴眼药水，以保持眼睛湿润，使尘沙易于流出。如果仍有不适，要尽快就医。

用手揉搓眼睛，会造成哪些伤害呢？

（1）会将眼睛的角膜损伤。

像照相机镜头前面的一层玻璃一样，眼球表面的角膜也需要保持洁净无痕。沙尘钻进了眼睛，会附在角膜上，使之有疼痛之感，此时，眼睛难以睁开，用手去揉擦会使带棱角的小沙粒、尘土将原本光滑的角膜磨出一道道痕迹，造成看不清晰东西的后果，且会有不舒服的感觉。如果角膜受到严重的损伤，甚至会导致角膜炎，对视力造成伤害。

（2）极易引发感染。

在用手揉眼时，手上的细菌很容易随着揉搓动作被带到眼睛里，使之感染发炎。

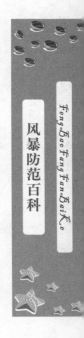

（四）我国制定的防灾和减灾战略措施

在与自然长期共存的实践中，对于预防和减轻自然灾害，我国社会各界和从事防灾减灾的研究业务、管理人员渐渐摸索出了许多行之有效的办法，而且还制定了8项战略措施，具体内容如下：

1. 制定预案，常备不懈

通过在学校、社区、企事业单位、区、市、省以及国家等领域制定并实践的各项应急预案措施，对于自然灾害的预防和减轻有着不可忽视的作用，最好的证明就是现在有条不紊、有备无患的局面。

2. 以人为本，避灾减灾

防灾减灾的首要任务是以人为本，保障公众生命财产安全，把自然灾害造成的人员伤亡和对社会经济发展的危害最大限度地降至最低。运用科学的方法防御自然灾害。面对灾害的发生，人们已经摸索出了从盲目地抗灾到现在主动避开灾害的方法，这不但标志着人们已经渐渐掌控自然灾害特征，并懂得如何趋利避凶，而且还体现出了在防灾减灾中的科学发展观。

3. 监测预警，依靠科技

在防灾减灾中，坚持以"预防为主"的基本原则，把灾害的监测预报预警放到非常突出的位置，并高度重视和做好面向全社会，包括社会弱势群体的预警信息发布。

4. 防灾意识，全民普及

防灾的主体是社会公众。让广大的社会公众增强防灾意识、了解并掌握避灾知识是防灾减灾中尤为重要的环节，增强了忧患意识，以防患于未然。相关部门应编写自然灾害防御宣传手册与宣传材料。广泛的宣传应急管理知识、防灾减灾知识，提高参与应急管理能力与自救能力。如此一来，当自然灾害来临时，普通的群众能知道如何保护自己，帮助他人。

5. 应急机制，快速响应

政府与有关部门需要建立相应的应急管理机制，比如，统一指挥、反应灵敏、功能齐全、运转高效、协调有序等。其中，应急机制的中心是快速响应、协同应对。

6. 分类防灾，针对行动

不同灾种对人类生活和社会经济活动造成的影响也不同，因此，防灾减灾的重点和相应措施也不相同。比如，对台风灾害来说，要以防御强风、暴雨、高潮位对沿海居民、沿海船只的影响为重点；对于强雾、雪灾，则以防御其对航空、交通运输造成的影响为重点；而对于沙尘暴灾害，则以防御其对空气质量的影响为重点。要针对不同灾种的特点及其对社会经济的影响特征，采取有效的应对措施。

其中，对于台风灾害的预防和减灾措施，应依从台风预

分类防灾

警级别，将沿海地区居民及时并有序地疏散开来，且尽量安排在能够防风的安全之地。同时，要对港口设施进行加固，以防止船只出现搁浅、走锚或碰撞的情况；高层建筑的广告牌也要拆除下来，以防砸伤人；还要预防暴雨引发的山洪、泥石流等灾害。

7. 人工影响，力助减灾

随着科技的不断发展，人工影响天气已成为一种重要的减灾手段。在天气形势适合的情况下，组织开展一系列的人工作业，如人工消雾、人工消雨、人工增雨、人工防雹等，可以有效地抵御和减轻雾灾、洪涝、干旱、雹灾等气象灾害造成的影响和损失。

8. 风险评估，未雨绸缪

自然灾害风险指的是在未来若干年内，灾害发生的可能性以及可能达到的灾害程度。为了降低自然灾害风险，减少自然灾害对社会经济和人们生命财产所造成的损失，我们要积极地开展灾害风险调查、分析与评估，了解在特定地区内不同灾种的发生规律；了解各种自然灾害的致灾因子对经济、社会、自然和环境等各方面所造成的影响，以及影响的长期和短期变化方式，并在这个基础上采取行动。自然灾害的风险评估包括灾情监测与识别、确定自然灾害评定标准和分级、建立灾害评估模式和信息系统、灾害风险评价和对策等。